U0342481

冶金工业出版社

普通高等教育"十四五"规划教材

光学金相显微技术

（第 2 版）

主　编　葛利玲

副主编　宗　斌　赵玉珍　王　浩　沈宏芳

扫码获得数字资源

北　京
冶金工业出版社
2025

内 容 提 要

本书详细介绍了光学金相显微技术，书中主要内容包括：概论、金相试样的制备、金相显微组织的显示、光学金相显微镜、定量金相及图像分析、显微硬度及其应用、钢铁材料常见组织及检验、低倍金相显微组织分析、常用金属材料典型金相组织共9章，以及金相实验室的安全技术、常用金相显微分析设备相关标准索引、常用金相检验标准（国标）目录，覆盖了光学金相显微分析基本技术的各个主要方面。

本书可作为高等院校材料类、机械类等专业金相显微技术实验课的教材，也可用于从事金相工作人员的培训。编录的各种金相浸蚀剂、相关国家标准等实用性资料，可供高校、研究院所与企业中金相实验室人员案头备查和参考。

图书在版编目(CIP)数据

光学金相显微技术/葛利玲主编 . —2 版 . —北京：冶金工业出版社，2024.5（2025.1重印）

普通高等教育"十四五"规划教材

ISBN 978-7-5024-9811-5

Ⅰ.①光… Ⅱ.①葛… Ⅲ.①金相组织—金属分析—高等学校—教材 Ⅳ.①TG115.21

中国国家版本馆 CIP 数据核字（2024）第 063734 号

光学金相显微技术 （第 2 版）

出版发行	冶金工业出版社		**电　话**	(010)64027926
地　　址	北京市东城区嵩祝院北巷 39 号		**邮　编**	100009
网　　址	www.mip1953.com		**电子信箱**	service@ mip1953.com

责任编辑　郭冬艳　美术编辑　吕欣童　版式设计　郑小利
责任校对　范天娇　责任印制　窦　唯

三河市双峰印刷装订有限公司印刷

2017 年 8 月第 1 版，2024 年 5 月第 2 版，2025 年 1 月第 2 次印刷

787mm×1092mm　1/16；13.25 印张；318 千字；193 页

定价 45.00 元

投稿电话　　(010)64027932　投稿信箱　tougao@cnmip.com.cn
营销中心电话　　(010)64044283
冶金工业出版社天猫旗舰店　yjgycbs.tmall.com
（本书如有印装质量问题，本社营销中心负责退换）

第2版前言

金相显微技术是观测与表征材料显微组织必不可少的重要实验技术，主要包含光学金相显微技术和电子显微技术。光学金相显微技术则是研究材料微观组织的最基本、最常用、最易行有效的技术之一，也是一门实用性很强的技术学科，它是提高材料内在质量的重要手段，在新材料、新工艺、新产品的研究开发和产品检验、失效分析、优化工艺等方面应用最广。

我国虽然已跃居世界制造大国，但并非是制造强国，要提高制造业水平，加快我国走向制造强国的步伐，必须落实党的二十大报告提出的"立德树人"的根本任务，不断推进数字化教学，牢记培养既有扎实的基础理论知识，又具备一定的实验研究能力的卓越工程师的使命，为此对2017年出版的《光学金相显微技术》(以下称第1版)进行了修订。

本书重点对第1版中第1章概论进行了修改，增加了新方法、新设备以及新技术，扩充了金相学发展史，可增加学生对金相文化的了解，提高学生的学习兴趣。第2~8章以及附录的部分内容也进行了更新，为了进一步强化学生金相图谱综合分析能力和工程实践能力，增加了第9章(160多幅常用金属材料典型金相组织图谱)，拓展了实际应用的内容，达到学以致用的目的，使本书在"金相文化-基础理论-实践操作-工程应用"等方面更加系统化。

同时将数字化拓展教学内容融入本书，如理论讲解、案例应用、实际操作视频、仿真动画、典型组织图片解读、艺术作品欣赏等多种形式，通过信息技术与教育教学进行深度融合，实现"纸质教材与数字化资源一体化"，增加了书中内容的开放性和互动性，满足了新时代大学生个性化学习的需求，并快速适应现代教育教学的新模式。

书中涉及的材料科学名词以全国科学技术名词审定委员会2010年公布的名词为标准，涉及的金相检验均引用国家最新标准。

本书撰写分工为：西安理工大学葛利玲教授级高级工程师编写第1章、第3章、第6章、第7章，北京工业大学宗斌高级工程师编写第2章，清华大学赵玉珍高级工程师编写第 4 章，北京科技大学王浩教授编写第 5 章，北方民族大学沈宏芳副教授编写第 8 章，西安理工大学葛利玲、张欣昱助理工程师与武义恒宇仪器有限公司周武工程师共同编写第 9 章。第 1~8 章线上视频由西安理工大学葛利玲教授级高级工程师、王志虎高级工程师、王爱娟副教授、徐雷工程师及杨超讲师录制，第 9 章的数字化教学视频由葛利玲教授级高级工程师、张欣昱助理工程师录制。全书由葛利玲教授级高级工程师统稿，北京科技大学刘国权教授主审。

本书得到了全国大学生金相技能大赛竞赛委员会的支持，编写过程中得到了北京科技大学孙建林教授、清华大学龚江宏教授、西安理工大学梁淑华教授和张国君教授、西安交通大学席生岐教授、西北工业大学王永欣教授和卢艳丽教授、天津大学韩雅静研究员、清华大学雷书玲高级工程师、中国石油大学（华东）何艳玲高级工程师的大力支持，他们为本书的编写提出了许多宝贵意见和建议，本书还得到了武义恒宇仪器有限公司、宁波舜宇仪器有限公司、BUEHLER 公司、LEICA 公司的支持，以及西安理工大学教材建设项目及材料科学与工程国家级一流专业建设的资助，在此一并表示感谢。

由于编者水平所限，书中不妥之处，敬请广大读者批评指正。

编　者

2023 年 12 月

第1版序

金相学是研究金属及合金内部组织结构的一门学科。"metallography"一词在1721年首次出现于牛津《新英语字典》（New English Dictionary）中，早期金相学的创建与发展是金属学，甚至是现代材料科学形成的先导。因其具有不可或缺的重要作用，故金相学这一名称沿用至今，金相技术也一直是国内外材料类、机械类及相关或相近多个学科专业的主要实验教学课程内容之一。

虽然国内外不乏各类金相图谱、手册或教材，各高校亦均有自己的金相实验指导书，但仍急需一本适合于本科大学生使用、系统全面、实用但又相对简明的光学金相显微技术教材或指导书。教育部高等学校材料类专业指导委员会和全国高校材料学科实验教学研究会等主办的全国大学生金相技能大赛、全国高校材料学科实验教学研讨会至2017年已连续举办六届，作为全国大赛历届评审委员会的主任，我深感编辑出版这样一本书是非常必要的。由教授级高级工程师葛利玲主编的《光学金相显微技术》一书则为满足这一需求应运而生。

该书由概论、金相试样的制备、金相显微组织的显示、光学金相显微镜、定量金相及图像分析、显微硬度及其应用、钢铁材料常见组织及检验、低倍金相显微组织分析等8章，以及金相实验室的安全技术、常用金相显微分析设备相关标准、常用金相检验标准3个附录组成，覆盖了金相显微分析技术的各个主要方面，且每章后均附有参考文献、思考题和推荐实验，可以作为专业实验课教学的教材或自学教材。在高等学校实验教学课程因课时有限、全国大赛因技术条件限制而都不可能覆盖金相显微分析技术的方方面面的现实下，学生通过自学该书可以更为全面系统地了解金相学和金相技术（包括相关标准和安全知识等），有望获得事半功倍的效果。

材料科学与工程的基础理论教学需要实验教学的相辅相成。本书编著者葛利玲、宗斌、赵玉珍、王浩、沈宏芳等分别是西安理工大学、北京工业大学、清华大学、北京科技大学和北方民族大学主讲（主持）相关实验课程的教授（副教授）、高级工程师，均多次担任全国大学生金相技能大赛预赛、预决赛或决赛的评委专家，具有丰富的教学和指导经验，编写此书时亦特别注意到实验教学的特点与要求，保证了该书的实践性、实用性和方便自学的特性。

　　这是一部实用性、实践性很强的好书。希望该书的出版，能够对高等学校金相显微分析实验教学、相关竞赛的培训以及工业界相关科技人员金相显微分析技术的自学提高，起到应有的促进作用。

中国体视学学会　　理事长顾问
中国科协　首席科学传播专家

2017 年 4 月　于北京

第 1 版前言

金相显微术是观测与表征材料显微组织必不可少的重要实验技术，主要包含光学金相显微技术和电子显微技术。光学金相显微技术则是研究材料微观组织的最基本、最常用、最易行有效的技术，也是一门实用性很强的技术学科，它是提高材料内在质量的重要手段，在新材料、新工艺、新产品的研究开发和产品检验、失效分析、优化工艺等方面应用最广。近几年，我国已跃居世界制造大国，但远非制造强国，因此，要提高制造业水平，必须掌握材料显微分析技术，为提高产品质量提供理论基础与技术支持。

"光学金相显微技术"作为高等院校材料类、机械类等专业的技术基础实验课，旨在培养学生掌握材料科学实验的基本方法、加强金相图谱分析能力和工程实践能力。从本科工程教育专业认证视角，本书在加强常规基本实验技能的基础上，注重实践操作和应用，形成了从基础理论、实践操作以及实际应用为一体的系统化实用教材，以满足学生工程实践能力培养的目的，为学生从校园走向职场提供基础保障。

书中所涉及的材料科学名词依据全国科学技术名词审定委员会 2010 年公布的名词执行，涉及的金相检验均引用国家最新标准。

本书撰写分工为西安理工大学葛利玲教授级高级工程师编写第 1 章、第 3 章、第 6 章、第 7 章，北京工业大学宗斌高级工程师编写第 2 章，清华大学赵玉珍高级工程师编写第 4 章，北京科技大学王浩副教授编写第 5 章，北方民族大学沈宏芳副教授编写第 8 章。全书由葛利玲统稿，北京科技大学刘国权教授主审。

本书得到了教育部高等学校材料类专业教学指导委员会主办的全国大学生金相技能大赛竞赛委员会的支持，编写过程中得到了北京科技大学孙建林教授、清华大学龚江宏教授、西安理工大学梁淑华教授、西安交通大学席生岐教授、西北工业大学王永欣教授和卢艳丽教授、重庆理工大学程里教授的大力支持，他们为本书的编写提出了许多宝贵意见和建议；本书还得到了 BUEHLER

公司、ZEISS 公司、LEICA 公司、舜宇公司的大力支持，以及西安理工大学教材建设项目的资助，在此一并表示衷心的感谢。

　　由于编者水平有限，书中有不妥之处，恳请广大读者批评指正。

编　者

2017 年 3 月

目　　录

扫码获得
数字资源

1 概　　论

　　材料（materials）指可以用来制造有用的构件、器件或物品等的物质。研究材料成分、结构、工艺、性能与用途之间的知识和应用的学科称为材料科学与工程（materials science and engineering）[1]。图 1-1 为材料科学与工程要素的示意图，其中图 1-1a 和 b 分别源于美国 MIT（麻省理工）的 M. C. Flemings 教授和我国著名材料学家师昌绪院士[2]。图中"结构（structure）"包括显微镜下可见的显微组织（microstructure）在内，泛指不同尺度层次下的材料结构与组织。可见，材料组织结构是材料科学与工程必不可少的要素，也是决定材料性能与使役行为的主要因素。金相显微技术则是观测与表征材料显微组织必不可少的重要实验技术，它是提高材料内在质量的重要手段，在新材料、新工艺、新产品的研究开发和产品检验、失效分析、优化工艺等方面应用最广。

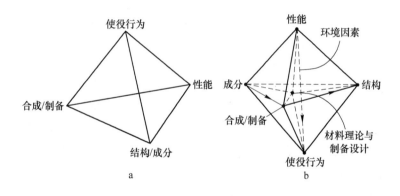

图 1-1　材料科学与工程要素的两种示意图
a—4 个要素；b—6 个要素

1.1　金相学的简要史

　　金相学于 1721 年首次出现于牛津 *New English Dictionary*。19 世纪中叶第二次工业革命爆发，转炉以及平炉炼钢新方法相继问世，钢铁产量猛增，实际生产的需要促进了对钢铁断口、低倍及内部显微组织的研究。工程界与学术界希望把种类繁多的钢铁材料与它们的组织联系起来，弄清楚形成钢铁组织的根源。到了 19 世纪末，金相这一名词也就获得了新的意义，并与金属与合金的显微组织结构结下了不解之缘，金相显微镜也就成为研究金属内部组织结构的重要工具。金相学发展至今经历了以下四个阶段，也是材料科学与金相显微技术相互促进发展的历程[3]。

1.1.1 启蒙阶段

1808 年科学家魏德曼施（Widmanstätten）用硝酸水溶液腐刻铁陨石切片，观察到片状 Fe-Ni 奥氏体规则分布的魏氏组织，见图 1-2。尽管，这种用化学试剂腐刻金属显示其内部组织的方法尚未采用制片及抛光技术，仅限于观察钢铁产品的表面组织。然而，魏氏试验更为深远的意义是，其不仅是宏观或低倍观察的开端，也是显微组织中取向关系研究的起始，预告金相学即将诞生。

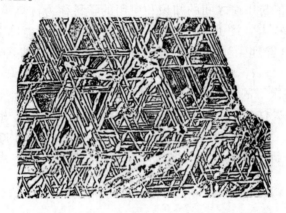

图 1-2 片状 Fe-Ni 奥氏体规则分布的魏氏组织（1820 年）

在这之后的几十年用各种化学试剂处理金属切片表面的试验在各处流行起来，对宏观金相观察的发展有意义的几桩工作：（1）1817 年 J. F. Daniell 建立了用蚀坑法研究晶粒取向的技术。（2）1860 年 W. Luders 在低碳钢拉伸试样表面，观察到腐蚀程度与基体不同的条带——吕德斯带。（3）1867 年 H. Tresca 用氯化汞腐蚀显示金属部件中的流线，说明金属在加工形变过程中内部金属的流动情况。这几项工作奠定了宏观腐刻及低倍检验技术，在今天仍然是金属研究和生产检验中常使用的方法。

后来的研究指出，魏氏组织不但在钢中并且在许多其他合金中出现。20 世纪 20 年代 A. Sauveur 及我国学者周志宏教授研究过碳含量极低的铁在淬火后的魏氏组织，30 年代一些学派在 Sauveur 和周志宏的工作启发下，开展了一系列合金魏氏组织的研究，此后取向关系的测定一直是相变研究中的一个重要组成部分。

魏氏不是冶金学家，但是他在 1808 年的著名试验为金相学的创建起了重要作用。因此，称他为金相学的启蒙人。

1.1.2 创建阶段

科学家索尔拜（H. C. Sorby，1826～1908 年）英国地质学家。出生于钢铁世家，他酷爱自然，一直从事地质与金属方面的研究。晚年热爱教育，任 Sheffield 大学的第一任校长。索氏是微观岩石学的开拓者，当他的岩相研究已经很有成就时，他又开始了铁陨石的研究。1863 年他首次采用反射式显微镜观察抛光腐蚀的钢铁试样，不但看到了珠光体中的渗碳体和铁素体片状组织，还对钢的淬火和回火作了初步探讨。从而揭开了金相学的序幕，图1-3是索氏当年制备并观察过的钢样（现在仍有一些保留在 Sheffield 大学），这就是他当时看到的珠光体（在1953年拍的显微像放大倍率为500倍，与当年索氏使用的560倍相仿）。

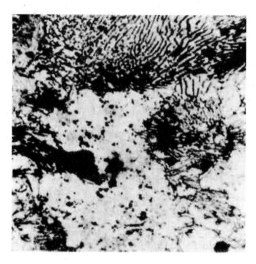

图 1-3　索氏观察过的珠光体试样（1953年拍照，500×）

索氏在钢铁的显微镜观察中发现的主要相有：

（1）自由铁即铁素体。

（2）碳含量高的极硬化合物渗碳体。

（3）由铁素体和渗碳体组成的层片状的珠光体（为了纪念索氏，将较细的珠光体称为索氏体（Sorbite）。

（4）石墨。

（5）夹杂物。

此外，他还研究了晶粒、再结晶、形变中晶粒的变化等。

可见，索氏不仅首创了在显微镜下观察金属材料微观形貌的方法，而且打开了人类认识研究金属微观世界的大门，还进一步完善了金相抛光技术，使金相学基本形成。从此人们对材料的认识从经验走向科学，光学金相显微镜的发明，也成为钢铁微观组织研究的重要工具。索氏是国际公认的金相学创建人[3]。

1.1.3　发展阶段

索氏虽然创建了钢铁的金相学，但他毕竟是地质矿物学家而不是冶金工程师，他在冶金界的活动范围及影响是有一定局限性的。因此，他在1863年的杰出贡献一直到二十几年后才引起冶金界的重视。

德国的 Adolf Martens 和法国的 Floris Osmond 分别在1878年及1885年独立用显微镜观察钢铁的显微组织。他们的金相观察结果很快就在冶金界传播，影响深远，功绩不亚于索氏。马氏是材料研究及实验的奠基者之一，在德国建立了测试材料科学，是一位严谨的金相学家。他的哲学就是：金相学家的任务是改进金相试验方法，进行细致观察，认真记录，少推论。因此，马氏在改进和推广金相技术方面起到了重要作用。到 20 世纪初不少钢厂都有了金相检验室，为了纪念马氏在改进和传播金相技术方面的功绩，Osmond 在 1895 年建议用他的姓氏命名钢的淬火组织即命名为 Martensite（马氏体）。

奥斯蒙（Floris Osmond, 1849~1912 年），法国金属学或物理冶金方面的一位伟大科学家。首先，实验技术方面不限于金相观察，而是把它与热分析、膨胀、热电动势、电导等物理性能试验结合起来。这在当时不能不说是一项创举，把金相技术扩大到更广泛的范畴去，已成为金属学的传统研究方法。其次，在理论分析方面也不限于显微组织结构，而是把它与化学成分、温度、性能结合在一起，注重研究它们之间的因果关系。特别是钢在加热和冷却中组织变化的研究，1887 年，他利用差热分析方法系统地研究了钢的相变，发现了铁的同素异构转变。

奥斯蒙在实验技术上精益求精，还有谦逊的美德，一方面不让在他逝世的讣告中说明他在金相学方面的业绩；另一方面把荣誉让给别人，他推崇索氏为金相学的奠基人，马氏为伟大的金相学家，分别用他们的姓氏命名索氏体和马氏体。将自己发现的碳在 γ 铁中的固溶体命名 Austenite，即奥氏体，以纪念在 Fe-C 平衡图方面作出巨大贡献的英国冶金学家罗伯茨·奥斯汀对金属科学的贡献而命名。奥斯蒙（Osmond）除了发表一百多篇论文外，还写了 2 本有关金相的专著（1895 年，1904 年），对金相学的普及推广也起了重要的作用。

20 世纪初，金相学就已经成为一门新兴的学科，迅速发展阶段的成果丰硕，对材料的认识从经验走向科学的同时，不断地向理论化、系统化、成熟化发展。到 20 世纪中叶已基本成熟，不仅有了金相学的专著和学报，在大学设立了金相学这门课，在冶金及机械厂普遍建立了金相实验室，金相学也逐步发展成金属学、物理冶金和材料科学[3-4]。

1.1.4　展望

金相学的诞生已经一个多世纪了，并已成为一门成熟的学科。随着科学技术的发展，金相学也在不断充实新的内容并扩大它的领域。现已不限于光学金相观察分析方法，20 世纪 30 年代电子显微镜的出现，经过近一个世纪的发展，这些电子光学仪器不但有极高的分辨率，达到分辨单个原子的水平，并且能进行微区电子衍射分析，给出有关晶体结构数据。配上 X 射线谱仪及电子能量谱仪后，还能进行小到几纳米范围的化学成分分析，这些电子光学分析仪器已经使我们对金属的显微组织结构的研究深入到原子的层次，成为现代金相学研究的重要手段[5]。尽管如此，光学金相显微技术仍是研究材料微观组织的最基本、最常用、最易行、最有效的技术，也是一门实用性很强的技术学科。它是提高材料内在质量的重要手段，在新材料、新工艺、新产品的研究开发和产品检验、失效分析、优化工艺等方面应用最广。尤其是近几年我国已跃居世界制造大国，但远非制造强国，要提高制造业水平，必须掌握材料显微分析技术，为提高产品质量提供理论基础与技术支持。

1.2 金相学研究的内容与方法

1.2.1 金相学及研究内容

金相学（metallography）主要是依据显微镜技术研究金属材料的宏观、微观组织形成和变化规律及其与成分和性能之间关系的实验学科[1]。研究内容是金属与合金的组织结构以及它们与物理、化学和力学性能之间的关系。组织是指构成金属或合金各组织组成物的直观形貌，结构是指金属或合金中原子排列的特征。影响组织和结构变化的条件甚多，诸如温度、加工变形、浇注情况以及化学成分等。随着现代技术的发展，新材料层出不穷，金相学的研究也不限于金属与合金，逐渐渗透到无机非金属材料、矿物、有机高分子等，其研究范畴不断扩大，已渗透到其他材料领域。

目前，金相学习惯上已只取其狭义，主要指借助光学（金相）显微镜、放大镜和体视显微镜等对材料显微组织、低倍组织和断口组织等进行分析研究和表征的材料学科分支，即包含材料三维显微组织的成像（imaging）及其定性、定量表征，也包含必要的样品制备、准备和取样方法。其观测研究的材料组织结构的代表性尺度范围为 $10^{-9} \sim 10^{-2}$ m 数量级，主要反映和表征构成材料的相和组织组成物、晶粒（也包括可能存在的亚晶）、非金属夹杂物乃至某些晶体缺陷（例如位错）的数量、形貌、大小、分布、取向、空间排布状态等[1]。

1.2.2 金相学研究的方法

研究材料微观组织结构主要借助于光学金相显微术和电子显微术，这两部分都属于金相学的研究范畴。

光学金相（optical metallography）是借助于光学金相显微镜对金属或合金的宏观和微观显微组织进行分析测定，以得到各种组织的尺寸、数量、形态及分布特征的方法[1]。

电子显微术（electron microscope）是利用各种电子显微镜观察、研究和检验材料微观特征和断裂形态的实验技术，其分辨率或放大倍数明显优于光学显微镜[1]。

1.3 显微镜的发展史及类型

1.3.1 光学显微镜的简要史

早在公元前一世纪，人们就已发现通过球形透明物体去观察微小物体时，可以使其放大成像，后来逐渐对球形玻璃表面能使物体放大成像有了认识。

1590 年，荷兰和意大利的眼镜制造者已经造出类似显微镜的放大仪器，放大倍率不超过 20 倍。1610 年前后，意大利的伽利略（Galileo）和德国的开普勒（J. Kepler）在研究望远镜的同时，改变物镜和目镜之间的距离，得出合理的显微镜光路结构，提出复合式显微镜的制作方法。1665 年前后，英国物理学家罗伯特·虎克（Robert Hooke）在显微镜中加入粗动和微动调焦机构、照明系统和承载标本片的工作台，这些部件经过不断改进，设计了第一台具有物镜放大倍率之分，可放大到 140 倍的显微镜，成为现代显微镜的基本组成部分，见图 1-4。

19 世纪高质量消色差浸液物镜的出现使显微镜观察微细结构的能力大为提高，1827 年阿米奇第一个采用浸液物镜，19 世纪 70 年代，德国人阿贝奠定了显微镜成像的理论基础。这些都促进了显微镜制造和显微观察技术的迅速发展，并为 19 世纪后半叶包括科赫、巴斯德等在内的生物学家和医学家发现细菌和微生物提供了有力的工具。图 1-5 为 19 世纪 Zeiss 生产的生物显微镜。在显微镜结构发展的同时，显微观察技术也在不断创新，1893 年出现了偏光显微术和干涉显微术，1935 年荷兰物理学家泽尔尼克创造了相衬显微术，1952 年诺马基斯（Nomarski）研制出微分干涉相衬显微镜。1981 年 Allen and Inoue（艾伦及艾纽）将光学显微原理上的影像增强对比，使显微图像成像发展趋于完美境界。

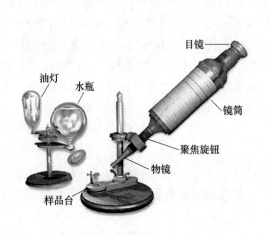

图 1-4　复合型显微镜

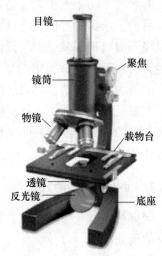

图 1-5　19 世纪生物显微镜

自 1863 年索比（Henry Clifton Sorby）首创采用反射式显微镜下观察金属材料微观形貌的方法后，金相显微镜就成为研究金属内部组织结构的重要工具[3]。金相显微镜（metallographic microscope）是用入射照明来观察金属表面显微组织的光学仪器。随着实际生产和人们对金属内部显微组织结构的认识，金相显微镜也在不断地发展和完善。自第一台实用的金相显微镜问世以来已经历了近百年的发展历程，这也是材料科学与金相显微镜相互促进发展的历程。世界著名的显微镜厂有四家：德系的 ZEISS 公司和 LEICA 公司，日系的 OLYMPUS（奥林巴斯）公司和 NIKON（理光）公司。图 1-6~图 1-8 分别为 ZEISS 公司在 20 世纪 50~60 年代生产的小型显微镜、立式金相显微镜和卧式金相显微镜。这些金相显微镜在 20 世纪冶金、机械行业以及材料科学中起到了很大的作用。随着科学技术的不断进步，ZEISS 公司在 20 世纪 80 年代生产出 NEOPHOT21 大型卧式金相显微镜（见图 1-9），不仅分辨率有所提高，在功能上也得到了改善，具有低倍摄影、明场、暗场、偏光、相衬等功能，为金属材料的微观组织结构研究提供了更多的手段。

图 1-6　ZEISS 早期金相显微镜

图 1-7　ZEISS 早期立式金相显微镜

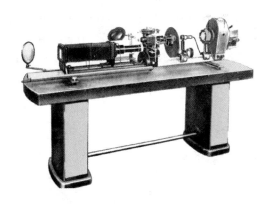

图 1-8　NEOPHOT1 型卧式金相显微镜

图 1-9　NEOPHOT21 大型卧式金相显微镜

我国在 20 世纪生产金相显微镜的厂家主要有上海光学仪器厂、江南光学仪器厂和重庆光学仪器厂。图 1-10 为 20 世纪 80 年代上海光学仪器厂生产的小型金相显微镜,光源采用 6~8 V、15 W 的白炽灯,结构简单。图 1-11 为 20 世纪 80 年代江南光学仪器厂生产的卧式金相显微镜。

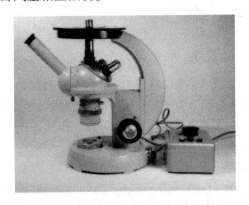

图 1-10　20 世纪 80 年代的小型金相显微镜

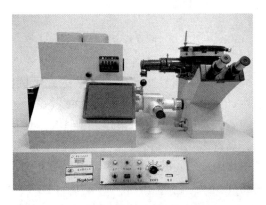

图 1-11　20 世纪 80 年代的卧式金相显微镜

现代的显微镜在设计及性能上远远超过了 20 世纪中期的显微镜，这首先是光学玻璃的性能在很大程度上已有了明显的改进，可更好地校正光学像差，人工合成的镀膜技术也已十分先进。同时制造商们也开始在显微镜控制上采用集成电路技术，普遍采用光电元件、电视摄像管和光电耦合器等作为显微镜的接收器，配以计算机后构成完整的图像信息采集和处理系统——计算机图像显微成像系统。使操作和摄影也较早期容易多了，自动化程度更高，进而不仅更能适应复杂的工作任务，同时也极大地降低了使用者的工作强度。因此，光学显微镜的逐渐成熟，用于的领域不断扩大，已成为研究和检验金属材料组织的有效手段。至此，显微镜的功能有暗场、明场、相衬、偏光、干涉、紫外、荧光和体视（实体）。

金相显微镜按照光路和被观察的试样抛光面的取向不同有正置式和倒置式两种基本类型[6]。倒置式金相显微镜是物镜在样品下方，由下向上观察试样被观察面的显微镜，图 1-12 为徕卡 DMI3000M 型倒置式现代多功能金相显微镜。正置式金相显微镜是物镜在样品上方，由上向下观察试样被观察面的显微镜，图 1-13 为徕卡 DM4 M/DM6 M 型正置式金相显微镜，该金相显微镜实现了高模块化，具有 6 孔物镜转盘、内置超相衬三维照明、LED 用于所有照明模式、0.7×宏观物镜、先进暗场、新调焦、可变反衬模式等。

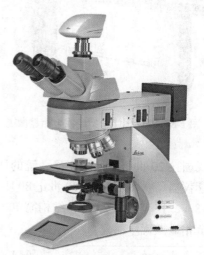

图 1-12　倒置式金相显微镜　　　　　图 1-13　正置式金相显微镜

目前，我国显微镜生产水平达到了国际水平，图 1-14 和图 1-15 分别为舜宇公司目前生产的 JE500M 小型金相显微镜（6 V 30 W 卤素灯或 5 W LED 两种光源可选，调压器已内置，直接接 220 V 电压）和 RX50M 正置式多功能金相显微镜，随着数码技术的发展，具有多功能、大景深（具有扫描电镜特点）、高分辨率（放大倍数 20×~7000×）、长工作距离（66 mm）的多种类物镜的数字显微镜也问世了（见图 1-16），它不仅具有明场（BF）、偏斜（OBQ）、暗场（DF）、MIX（BF+DF）、简易偏光（PO）、微分干涉（DIC）六种观察方式间的轻松切换，而且同时实现对比度增强效果，提供了更多的分析测试方法。

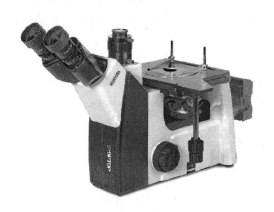

图 1-14　倒置式小型金相显微镜

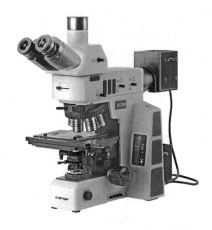

图 1-15　正置式大型金相显微镜

图 1-16　Digital Microspcope DSX1000 超景深数字显微镜

1.3.2　电子显微镜的简要史

几百年来，人们一直用光学显微镜观察微观，探索眼睛看不到的世界，与 19 世纪的显微镜相比，现在我们使用的普通光学显微镜除了功能多、自动化程度高外，放大倍数提高不大。原因是：光学显微镜已经达到了分辨率的极限，对于使用可见光作为光源的显微镜，它分辨率只能达到光波的半波长左右，它的分辨率极限是 0.2 μm，任何小于 0.2 μm 的结构都没法识别出来，使人类的探索受到了限制。

因此，提高显微镜分辨率的途径之一就是设法减小光的波长。

进入 20 世纪，光电子技术得到了长足的发展，采用电子束来代替光是很好的主意。根据德布罗意的物质波理论，运动的电子具有波动性，而且速度越快，它的波长就越短。如果能把电子的速度加到足够高，并且汇聚它，就有可能用来放大物体。当电子的速度加到很高时，电子显微镜的分辨率可以达到纳米级（10^{-9} m），使很多在可见光下看不见的物体在电子显微镜下看到了原形。因此，电子显微镜是 20 世纪最重要的发明之一[5]。

1938 年德国工程师 Max Knoll 和 Ernst Ruska 制造出了世界上第一台透射电子显微镜

（TEM），透射电子显微术（Transmission Electron Microscope，TEM）是利用穿透薄膜试样的电子束进行成像或微区分析的一种电子显微术，是获得高度局部化的信息、是分析晶体结构、晶体不完整性、微区成分的综合技术[1]。

1952 年英国工程师（Charles Oatley）制造出了第一台扫描电子显微镜（SEM）。扫描电子显微术（Scanning Electron Microscopy，SEM）电子束以光栅状照射试样表面，分析入射电子和试样表面物质相互作用产生的各种信息来研究试样表面微区形貌、成分和晶体学性质的一种电子显微技术[1]。

1983 年 IBM 公司苏黎世实验室的两位科学家 Gerd Binnig 和 Heinrich Rohrer 发明了扫描隧道显微镜（STM）。这种显微镜比电子显微镜更先进，它与传统显微镜不同。隧道扫描显微术（Scanning Tunneling Microscopy，STM）是利用量子隧道效应的表面研究技术。可实时、原位观察样品最表层的局域结构信息，达到原子级的高分辨率[1]。它没有镜头，使用一根探针，探针和物体之间加上电压。如果探针距离物体表面很近，大约为纳米级，隧道效应就会表现出来。电子会穿过物体与探针之间的空隙，形成一股微弱的电流。如果探针与物体的距离发生变化，这股电流也会相应改变。这样，通过测量电流我们就能知道物体表面的形状，分辨率可以达到单个原子的级别。电子显微镜的分辨率已达到 0.1~0.3 nm，即与金属点阵中原子间距相当。

近几十年，随着许多新型电子显微镜的问世，形成了透射电子显微镜（TEM）、扫描电子显微镜（SEM）、原子力显微镜（AFM）、扫描隧道显微镜（STM）、场离子显微镜（FTM）、扫描激光声成像显微镜（SPAM）等电子显微镜家族。并在 EBSD、探针、激光探针、俄歇能谱仪等表面分析技术的配合下，金相分析技术发展到一个新的阶段[7]。电子金相技术可对金属材料的断口形貌、组织结构以及微区化学成分等进行综合分析与测定，因而对金属材料及其工件的质量控制、失效分析、新材料与工艺的研制等发挥着十分重要的作用。

目前使用的热场发射扫描电子显微镜的分辨率已达到 1 nm（15 kV）的超高分辨率，物镜采用不漏磁设计，对磁性材料可进行高倍率的观察与分析，配备的 EDS 和 EBSD 附件均采用 Aztec 操作平台，其算法更合理，获得的数据更精确，见图 1-17。具有加速电压 300 kV 的高分辨透射电子显微镜的分辨率达到 0.1 nm，放大倍数 50×~1500000×，能观察到原子尺度的结构像，同时还可对纳米尺度微区的物质进行晶体结构和晶体缺陷分析，见图 1-18。分辨率为 0.05 nm 的球差校正电子显微镜也已普及使用，TEM 像放大倍数

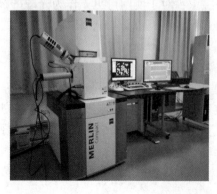

图 1-17　MERLIN COMPACT 场发射扫描电镜　　　　　图 1-18　JEM-3010 型高分辨透射电镜

50×~2000000×，STEM 像放大倍数可高达 15000000×。不仅用于金属（或合金）材料、陶瓷材料、半导体材料、纳米材料、二维材料以及有机无机复合材料的微观组织形貌观察、晶体结构及化学成分的分析，甚至可用于材料晶格中不同种类原子排列规律的研究。

1.3.3 光学显微镜的类型及应用

目前光学显微镜有以下几种分类方法：

（1）按使用目的可分为测量显微镜和观察显微镜；

（2）按图像是否有立体感可分为立体视觉和非立体视觉显微镜；

（3）按观察对象可分为生物和金相显微镜等；

（4）按光学原理可分为偏光、相衬和微分干涉相衬显微镜等；

（5）按光源类型可分为普通光、荧光以及激光扫描显微镜等；

（6）按接收器类型可分为目视、照相摄影和视频显微镜等。

以上的光学显微镜常用的有测量显微镜、工具显微镜、生物显微镜、体视显微镜、金相显微镜、偏光显微镜、荧光显微镜以及共聚焦金相显微镜等，其介绍如下：

（1）测量显微镜是光学计量仪器之一，它的结构简单，操作方便，适用范围极广。主要用于测定长度、测定角度、用作观察显微镜等。

（2）工具显微镜为机器制造工厂、科学研究机关及高等院校的计量部门广泛使用的一种多性能计量仪器。

（3）生物显微镜适用于医疗卫生机构、实验室、研究所及高等学校等单位作生物学、病理学、细菌学观察、教学和专业研究、临床实验及常规医疗检验之用。

（4）体视显微镜观察物体时能产生三维空间像，立体感强，成像清晰而宽阔，具有较长的工作距离。可作教学示范工具，生物解剖观察分析工具，还可作电子工业和精密机械工业零件装配和检验。公安、消防、考古等行业检验和农业上的种子检查等也广泛使用本仪器。

（5）金相显微镜是基于光线在均匀介质中作直线的传播，并在两种不同介质的分界面上发生折射或反射等现象构成的，根据材料表面上不同组织组成物的光射特性，在可见光范围内对这些组织组成物进行光学研究并定性和定量描述的显微镜。用以鉴别和分析各种金属及合金的组织结构，应用于工厂或实验室进行铸件质量鉴定，原材料的检验或对材料处理后金相组织的研究分析等工作。

（6）偏光显微镜是地质、矿产、冶金等部门和相关高等院校最常用的专业实验仪器。许多行业：如化工的化学纤维、半导体工业以及药品检验等，也广泛地使用偏光显微镜。

（7）荧光显微镜是用紫外光激发荧光来进行观察。某些标本在可见光中觉察不到结构细节，但经过染色处理，以紫外光照射时可因荧光作用而发射可见光，形成可见的图像。广泛用于生物学、细胞学、肿瘤学、遗传学、免疫学等研究工作，在学校实验室可供教学之用。

（8）相衬显微镜和微分干涉相衬显微镜是利用相位差和干涉原理来提高观察效果的显微镜。针对透明样本因光晕而难以被观测到细微结构的问题开发设计。相衬法和微分干涉相衬法利用干涉效应把通常情况下人眼不可见的光程差转换成可见的亮暗差，形成可见的结构对比图像。广泛应用于生物学、细菌学、组织学、药物化学等研究工作。

（9）视频显微镜和数码显微镜是以电视摄像靶或光电耦合器作为接收元件的显微镜。将放大后的图像导入到电视机或计算机，在显示屏上显示出来进行观察分析。这类显微镜的主要优点是与计算机联用后便于实现检测和信息处理的自动化，应用于需要进行大量繁琐的检测工作的场合。

（10）激光共聚焦显微镜是在扫描显微镜中依靠缩小视场来保证物镜达到最高的分辨率，同时用光学或机械扫描的方法使成像光束相对于物面在较大视场范围内进行扫描，并用信息处理技术来获得合成的大面积图像信息。这类显微镜适用于需要高分辨率的大视场图像的观测。

激光共聚焦显微镜相对光学显微镜的优势：

1）激光共聚焦显微镜的图像是以电信号的形式记录下来的，所以可以在各种模拟的和数字的电子技术中进行图像处理。

2）激光共聚焦显微镜是利用共聚焦系统可以有效地排除焦点以外的光信号干扰，提高分辨率，显著改善视野的广度和深度，使无损伤的光学切片成为可能，达到了三维空间的定位。

3）由于激光共聚焦显微镜能随时采集和记录检测信号，为生命科学开拓了一条观察活细胞结构及特定分子、离子生物学变化的新途径。

4）激光共聚焦显微镜除具有成像功能外，还有图像处理功能和细胞生物学功能，图像处理功能包括光学切片、三维图像重建、细胞物理和生物学测定、荧光定量、定位分析以及离子的实时定量测定。细胞生物学功能包括黏附细胞的分选、激光细胞纤维外科先进技术、荧光漂白后恢复技术等。

1.3.4　光学显微分析的进展与趋势

目前，各类显微镜及显微技术都有新的发展，无论是在光源、光路设计、观察方法、多用途附件联机使用等方面都有新改进。为了提高显微镜的使用效果，扩大应用领域，使传统的显微镜从单纯的目视、主观的定性判断，向显示客观的定量、自动图像处理方面发展。它和摄像系统联机组成摄影显微镜；和计算机联机组成显微图像分析仪；和分光镜联机组成显微镜分光光度计和图像仪；特别是数码技术使影像数字化，为定量金相分析提供了条件。

材料微观组织结构图像的获取、存储和传输新方法以及更好的图像处理、分析方法的不断出现和改进，计算机硬件与软件能力的高速发展均为材料显微组织形态学由定性表征向定量表征、由二维观测向三维几何形态信息测试的发展和应用提供了难得的机遇。借助材料显微组织结构的计算机辅助模型化与仿真设计，运用数理统计和图像分析技术由二维图像来推断三维组织图像的科学称体视学，组织图像的定量分析（定量金相学）成为材料科学与工程发展史上最成功的实验技术之一，也是金相学发展的趋势。在未能实现材料组织三维可视化或虽已可视化，但在尚无法获得其定量表征数据的情况下，体视学分析可以用很小的代价获得三维组织结构的无偏的定量测量，从而成为不可缺少的、值得大力推广的显微组织定量分析与表征工具。

1.4 金相显微分析的任务

1.4.1 显微分析的任务

现代金相学已经成为一门内容非常广泛的学科，它涉及的科学知识和实践经验比任何一门尖端科学都多都广，已经渗透到与材料有关的几乎所有的科学领域和生产部门。只要有材料研究或生产，就有金相显微分析技术。现代金相显微技术所承担的任务是：

(1) 材料微观组织和断口的形貌分析；

(2) 微区成分分析；

(3) 微粒（相）和微区晶体结构分析；

(4) 微观性能学研究（力学、电性能、磁性能、化学性能及生命科学等）。

完成这些任务，需要用许多特殊专用仪器。按光学系统分类，有光学显微术、电子光学显微术、离子光学显微术、场致发射显微术和声波显微术五大类。

1.4.2 材料在不同放大尺度下的组织特征

从研究微观组织及其结构特点出发，在不同放大层面上研究材料的微观组织，要借助于不同的分析方法和设备，如：金相显微镜、扫描电子显微镜和透射电子显微镜，甚至高分辨率电子显微镜和原子力电子显微镜等大型现代化精密设备来观察与分析。尽管人们把光学金相显微镜和电子显微镜都纳入金相学的研究范畴，但它们鉴别能力和有效放大倍数相差很大，按照放大尺度不同，材料微观组织分析分可为三个层次：

(1) 宏观组织分析：指用肉眼或在低倍（≤10×）放大镜下观察材料的缺口、断口及粗大组织形貌的一种方法，特点是方法简便、观察区域大，可观全貌。但是由于人眼分辨率有限（鉴别能力 $D > 0.15$ mm），不能洞察其细节，因而人们寻求新的分析工具和手段，于是出现了微观分析。

(2) 光学显微组织分析：指用金相显微镜来观察分析用特定方法制成的金相样品的方法，其分辨率 > 0.2 μm，放大率 $< 2000×$。光学显微镜用于金相分析已有 100 多年的历史，设备与方法都较成熟。

(3) 电子显微组织分析：利用电子显微镜来观察分析材料组织的方法，其放大倍数和分辨率较金相显微镜更高，可达几十万倍，甚至可观察到材料表面的原子像。其分辨率可达 0.1 nm，分辨本领远远超过了光学显微镜，即与金属点阵中原子间距相当。因此，电子显微分析技术在金相学中得到越来越广泛的应用。

材料在不同放大尺度条件下其组织形态是完全不同的，以发动机汽缸（一般用铝基复合材料，形成工艺为铸造）为例，在不同放大尺度下的组织特征如图 1-19～图 1-23 所示。

图 1-19 发动机汽缸实物（外观形貌）

图 1-20   低倍枝晶组织（50×）

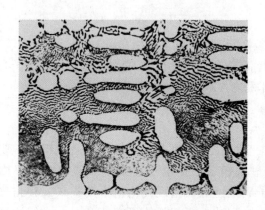

图 1-21   金相组织（400×）

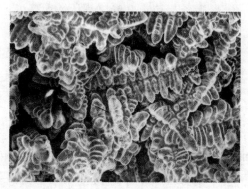

图 1-22   扫描电镜枝晶组织（2000×）

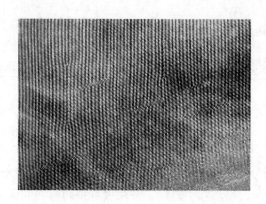

图 1-23   高分辨透射电镜组织（300000×）

　　思政之窗：讲解金相学的发展史、研究内容、地位和作用，新技术、新方法的不断出现，展现了科技进步对人类发展史中所起的作用，强调材料学科在国民经济中的重要作用。

德育目标：崇尚科学精神，以前辈求真探索、砥砺前进为榜样，激发学习材料科学的热情，树立正确的人生价值观，明白材料人应有的社会责任，使学生领悟到不仅要把握好现在，也要展望未来。

思 考 题

1. 解释材料以及材料科学与工程名词。
2. 材料科学与工程要素有哪些，这些要素构成什么关系？
3. 什么是金相学，它的研究内容是什么？
4. 金相学的启蒙人是哪一位，他用硝酸水溶液腐刻铁陨石切片观察到了什么组织？
5. 20 世纪 20 年代，我国哪一位学者研究过碳含量极低的铁在淬火后的魏氏组织？
6. 金相学的创建人是哪一位，他首次采用反射式显微镜观察抛光腐蚀后钢铁试样，观察到了什么组织？除此之外，借助于显微镜还观察到了哪些相？
7. "马氏体"组织名称是用哪一位金相学家的名字命名的，他对金相学的发展有什么功绩？
8. 科学家奥斯蒙具有怎样的美德，他在金属学和物理冶金方面都有哪些功绩？
9. 简述光学金相显微术与电子显微术的区别。
10. 光学金相显微技术在材料研究中的地位和作用是什么？
11. 光学显微镜有哪些类型与功能？
12. 简述金相显微分析的内容以及发展的趋势。

参 考 文 献

[1] 材料科学技术名词审定委员会. 材料科学技术名词 [M]. 北京：科学出版社，2011.
[2] Robert W. Cahn. 走进材料科学 [M]. 杨柯，等译. 北京：化学工业出版社，2008.
[3] 郭可信. 金相学史话（1）：金相学的兴起 [J]. 材料科学与工程，2000，18（4）：2~9.
[4] 潘钦科 E B，等. 金相实验室 [M]. 北京：冶金工业出版社，1960.
[5] 郭可信. 金相学史话（6）：电子显微镜在材料科学中的应用 [J]. 材料科学与工程，2002，20（1）5~9.
[6] 屠世润，高越，等. 金相原理与实践 [M]. 北京：机械工业出版社，1990.
[7] 周玉. 材料分析方法 [M]. 4 版. 北京：机械工业出版社，2020.

2　金相试样的制备

金相显微分析是研究材料内部组织的重要方法之一。任何使用光学显微镜揭示金属结构的检验都包括三个不同的过程[1-2]：首先是切片——表面的制备；随后，通过适当的蚀刻工艺处理，在这个制备好的表面上显示出结构；最后，针对表面的实际显微镜检验。这三个阶段构成一个整体，任何一个阶段都不能被忽视。本章介绍蚀刻（侵蚀）与显微镜检验之外的所有步骤，即金相显微样品的制备。

借助光学显微镜观察和研究任何金属内部组织，首先要制备出能用于微观分析的样品——金相显微试样，简称金相试样。金相试样制备方法很多而且各不相同，这是由于所研究的材料数目和种类繁多所致。另外，新材料的研制、新配方、专利所有权以及分析测试仪器的进展，所有这些金相试样的制备方法难于概括。但一个合格的试样必须保证以下几点：

（1）具有代表性，即所选取的试样能代表所要研究、分析的对象；

（2）浸蚀要合适、组织要真实；

（3）无划痕、无污物；

（4）无变形层、平坦光滑；

（5）夹杂物完整。

要制备出这样的试样，必须严格按照下列步骤精心制作，否则，不仅得不到合格的试样，而且会导致错误的分析结果，给生产与科研带来损失。可以说，从索比（Henry Clifton Sorby，1826~1908年）开始，制备金相试样是从事材料科学工作技术人员的基本功之一。

试样制备过程的流程：取样→镶嵌与夹持→平整与磨光→抛光→浸蚀。

我们可以参考的技术标准是 GB/T 13298—2015《金属显微组织检验方法》，还可以参看 GB/T 30067—2013《金相学术语》。

肯定地说，这些步骤不见得是每一个金相试样都需要经历的，需要根据实际情况而定。

2.1　金相试样的取样

从被检材料或零部件上切取一定尺寸试样的过程称为取样。选择合适的、有代表性的试样是进行金相显微分析极其重要的一步，包括选择取样部位、检验面及截取方法、试样尺寸等。取样部位的恰当与否，直接影响检验结果的正确与错误。

2.1.1　取样的一般原则

金相试样截取的部位取决于检验目的和要求，主要有以下几个方面的原则[3]：

（1）按照检验对象取样。如有技术标准或协议规定的，必须按规定取样。否则，得到的金相检验结果不能作为判别的依据。

（2）取样部位具有代表性。即所取的试样能如实反映材料的组织特征或零部件的质量，取样部位要根据金相分析的目的来取。

（3）对于压力加工材料应同时截取横向与纵向试样。

（4）对经过一系列整体热处理后的机械零件，其内部组织是较均匀的，可以任意截取一截。

（5）生产过程产生的废品及机械零件的失效分析，一般应在破损处和远离破损处同时取样，以便作比较分析。

（6）做材料的工艺研究时，应视研究目的不同在相应位置取样。

（7）做工艺检验的样品，应包括完整的加工处理和影响区，例如：热处理应包括完整的硬化层；表面处理应包括全部喷涂和渗镀层；铸件应从表面到中心；焊接件应包括焊缝、热影响区和基体。

2.1.2 试样磨面的选择

金相试样截取的部位确定后，还需进一步明确选取哪一个方向，哪个磨面作为金相试样的磨面[3]。金相试样按照在金属构件或钢材上所取的截面不同，可分为横截面与纵截面。板材与棒材横截面与纵截面的示意图如图2-1所示。

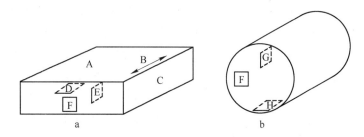

图2-1 金相检验面的示意图

a—板材；b—棒材

A—锻轧制表面；B—轧制方向；C—轧制侧边；D—平行于轧制表面的纵截面；

E—垂直于轧制表面的纵截面；F—横截面；G—径向纵截面；H—切向纵截面

（1）横向截面指垂直于钢材锻、轧方向的面，横截面（F）主要研究：

1）从表层到中心的显微组织状态及变化；

2）晶粒度级别；

3）网状碳化物评级；

4）表面缺陷的深度；

5）氧化层深度；

6）脱碳层深度；

7）腐蚀层深度；

8）表面化学热处理及镀层组织与厚度。

（2）纵向截面指沿着钢材的锻轧方向的面。纵截面（D、E、G、H）主要研究：

1）钢中非金属夹杂物含量；

2）变形后的各种组织、晶粒畸变程度、塑性变形程度；

3）带状组织评级；

4）热处理的全面情况。

有时为分析测试需要，需要多个截面结合进行观察，如热轧和冷轧金属组织变形情况研究时需要横截面和纵截面共同观察；对线材和小棒材，研究横截面的同时还建议观察穿过试样轴心的纵截面。

有时为了研究某种组织的立体形貌，在一个试样上选取两个互相垂直的磨面，对于裂纹、夹杂物深度的测量，往往也需要在另外的一个垂直磨面上进行。

2.1.3　试样截取的方法

试样截取的方法很多，截取时应根据材料的性质和要求来决定截取的方法，常用的方法有：

（1）电切割，包含电火花切割和线切割。适用于较大金属试样切割或有一定形状要求时。

（2）气切割（氧-乙炔火焰）。适用于较大的金属试样的切割。

（3）砂轮切割机切割，使用范围较广，主要用于有一定硬度的材料，如普通钢铁材料以及经过热处理后的钢铁材料。

（4）手锯或机锯。适用于低碳钢、普通铸铁及有色金属等硬度较低的材料。

（5）敲击。适用于硬而脆的材料，如白口铁、高锡青铜、球墨铸铁等。

常用的切割方法是薄片水冷砂轮切割机，砂轮厚度在 1.2~2.0 mm，规格为 $\phi250$ mm× 1.5 mm。砂轮片是由颗粒状碳化硅（或氧化铝）与树脂、橡胶黏合而成。砂轮片安装在切割机主轴上，以高速旋转（常用 2800 r/min），常用的砂轮试样切割机见图 2-2。在切割过程中由于磨削产生高温，对金相试样不利，会导致金相组织发生变化，因此，需要冷却液强制冷却。冷却液除了起冷却作用外，还能起到润滑作用，并可随时带走磨削产物。常用的冷却液有水、乳化油、火油等。目前还有高分子溶剂，可提高冷却效果，更有利于润滑，还有防锈的作用。

随着生产技术的发展，实验室用金相试样切割机大多采用全封闭罩壳（见图 2-3），其特点是安全、噪声低、无污染。

图 2-2　砂轮切割机　　　　　　　　图 2-3　全封闭罩壳砂轮切割机

为了适应切割细小试样、易损试样、电镜试样或特硬试样的精细取样，可采用图2-4所示的自动精密切割机。精密切割机的转速范围很大，150～5000 r/min，取决于被切割材料的品种、切割片的类型和所用的磨料。切割片有两类：一类为橡胶黏结的氧化铝或碳化硅砂轮片，属于磨耗型；另一类切割片由镀铜的钢片制成（见图2-5），金刚石或立方氮化硼磨料黏结在切割片的两侧边缘部分，其宽度为3.2～5 mm，切割的厚度为0.15～0.76 mm，这种切割片属于非磨耗型切割片，切割表面的变形损伤深度也浅得多。

图 2-4　精密切割机

图 2-5　金刚石切割片

2.1.4　试样截取时的注意事项

试样截取时的注意事项有：

（1）取样时应保证材料的组织不发生任何变化。不同的材料其软硬程度不同，尤其是较软的材料，若取样不当会造成试样损伤、变形与组织变化，如：工业纯铁、有色金属在机械力作用下晶粒会被拉长、压缩、扭曲、奥氏体钢晶粒内部滑移增多，软金属发生塑性变形及孪晶；裂纹因变形而发生扩展，变形后金属组织的再结晶，淬火零件发生回火等现象。因此，在取样时要避免或减少变形和发热。

（2）试样尺寸大小要合适。试样大小以便于握持、易于磨制为宜。推荐尺寸见图2-6。如没有特殊要求，一般情况下要对试样进行倒角，以免在以后的制备过程中划破砂纸与抛光布。GB/T 13298—2015《金相显微组织检验方法》中推荐试样尺寸以磨面面积小于400 mm²，高度尺寸在15～20 mm（小于横向尺寸）为宜。

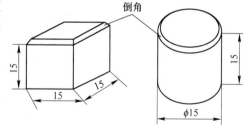

图 2-6　金相试样尺寸

（3）截取试样时应注意保护试样的特殊表面。如热处理表面强化层、化学热处理渗层、热喷涂层及镀层、氧化脱碳层、裂纹区以及废品或失效零件上的损坏特征，不允许因截取而损伤。

（4）切面要尽可能光滑、平整；截面的毛刺要尽可能小。

（5）从切割设备中取出试样的时候，要保证不被烫伤。

（6）操作设备时，要注意安全。比如，砂轮切割机的切片不应出现卡死现象，切割的时候应遵循切割面积最小原理。

所谓，失之毫厘，谬以千里，切割取样非常关键。

2.2　金相试样的夹持与镶嵌

当试样尺寸过小（如：薄板、丝材、金属丝、碎片、钢皮以及钟表零件等）、不易握持（如：形状复杂、多孔、有裂纹等）或要求保护试样边缘（如：表面处理的检测、表面缺陷的检验等），则要对试样进行镶嵌或夹持。在现代金相实验室中广泛使用半自动化或自动化的磨光机和抛光机，要求试样的尺寸规格化，试样才能装入夹持器中，因此也要进行镶样。

2.2.1　试样的夹持

试样夹持的特点是利用预先制备好的夹具装置，制作夹具材料一般多选用低碳钢、不锈钢、铜合金等。机械夹具的形状主要根据被夹试样的外形、大小及夹持保护的要求来选定。将试样进行夹持的优点是方便，缺点是在缝隙中易留下水与浸蚀剂，试样表面极易受到污染，造成假象，为保证浸蚀效果，最好将试样从夹具中取出后再浸蚀。常用的夹具有平板夹具、环状夹具和专用夹具，可以参看图2-7。

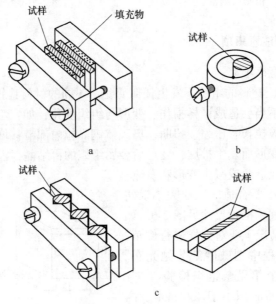

图2-7　金相试样的夹具
a—平板夹具；b—环状夹具；c—专用夹具

2.2.2　试样的镶嵌

有一些试样体积较小，外形不规则，这时就要对试样进行镶嵌（如图2-8所示）。镶嵌不仅有利于制样，而且可使表面缺陷及边缘得到保护，是金相试样镶嵌的方法。镶嵌时必须依据下列原则：

（1）不允许影响试样显微组织，如机械变形及加热。

（2）镶样介质与被镶嵌试样的硬度、耐磨性相近，否则对保护试样边缘不利。

（3）镶嵌介质与被镶嵌试样有相近的耐腐蚀能力，避免在浸蚀时造成一方强烈被腐蚀。

图 2-8　金相试样的镶嵌

试样镶嵌的方法可分为热镶嵌与冷镶嵌。

2.2.2.1　热镶嵌

热镶嵌指借助于镶嵌机把试样和镶嵌料一起放入钢模内加热，冷却后脱模。该方法是最为有效和最为快捷的方法，也是目前最为广泛应用的一种。常用设备为 XQ-2B 型金相镶样机（见图 2-9）。镶嵌机主要包含加压装置、加热装置与压模三部分。镶嵌时将准备好的试样磨面向下，放在下模的上面，在套筒中根据试样大小和高低放入适量镶样粉后，装上模，固紧顶压螺杆，先转动加压手轮到压力指示灯亮，再加热，设定温度与实测温度均有数字显示，并能自动控温。加热后由于镶嵌粉逐渐软化，压力指示灯会熄灭，此时应增加压力至指示灯亮，稍等几分钟（一般为 8~12 min），停止加热，此时镶嵌完成。去掉压力，转开顶压盖，上升压模，即可取出镶嵌好的试样。

图 2-9　XQ-2B 型金相镶样机

常用的镶料有酚-甲醛树脂及酚-醛树脂、聚氯乙烯及聚苯乙烯，前两种主要为热固性的材料，后两种为热塑性材料，并呈透明或半透明性。在酚-甲醛树脂内加入木粉，即成常用的"电木粉"，它可以染成不同颜色。还有一种能导电的镶料，镶嵌好后的试样能直接进行电解抛光或扫描电镜观察。

热镶嵌过程中会遇到一些缺陷，这些缺陷的形成原因及补救方法见表 2-1。

表 2-1　热镶嵌常见缺陷及补救方法

材料	缺陷		原因	修正方法
酚醛树脂等类镶嵌料		放射状开裂	试样截面相对模套过大 试样四角太尖锐	选用大直径模套 减小试样尺寸
		试样边缘处收缩	塑性收缩过大	降低镶嵌温度 选择低收缩率的树脂 模套冷却后再推出镶嵌材料

材料	缺　陷		原　因	修正方法
酚醛树脂等类镶嵌料		环周性开裂	吸收了潮气 镶嵌过程中截留了气体	对镶嵌料或模套预热
		破裂	镶嵌过程太短 压力不足	延长镶嵌时间 液态向固态转化过程中加足够的压力
		未熔合	压力不足 加热时间不足	施加适当镶嵌压力 延长加热时间
透明镶料		有棉花状物	中间介质未达最高温度 最高温度时保温时间不足	最高温度时增加保温时间
		龟裂	镶嵌试样出模后内应力释放	冷却到较低温度后再出模 把镶嵌试样置于沸水中软化

2.2.2.2　冷镶嵌

　　冷镶嵌指在室温下使镶嵌料固化，一般适用于不宜受压的软材料及组织结构对温度变化敏感或熔点较低的材料。优点是可同时浇注多块试样、工作周期短、试样不发生组织转变、无须设备投资、不产生变形（不加压）、可采用真空镶嵌技术填充孔隙。冷镶嵌时，将金相试样置于模子中，注入冷镶剂中冷凝后脱模，冷镶嵌操作见图 2-10。镶嵌介质应当与试样能良好的附着并不产生固化收缩，否则会产生裂纹或缝隙。常用的冷镶剂有环氧树脂、牙托粉等。

图 2-10　冷镶嵌的操作示意图

　　环氧树脂具有低收缩率、透明、与试样附着性好、抗腐蚀作用、固化缓慢至中等特点。镶嵌法的主要成分由环氧树脂加固化剂组成。冷镶嵌法的反应方程式为：环氧树脂+固化剂 = 聚合物（放热），室温下 2~3 h 即可凝固。固化剂主要是胺类化合物，固化剂用量要适当，用量多时会使高分子键迅速终止，降低聚合物的分子量，使强度降低；另一方面会由于放热反应而使镶嵌料温度升高。如果固化剂用量太少，则固化不能完全进行。通常固化剂占总量 10% 左右，在环氧树脂中除加固化剂外，还应适量加入增韧剂以提高其韧性。但环氧树脂的硬度低，与试样的硬度相比，差别很大。试样的边缘在制备时容易形成圆角。将一定比例的烧结氧化铝颗粒作为填料加入树脂中，可以提高固化后的硬度，但由于氧化铝的硬度高达 2000 HV，其磨光与抛光特性无法与金属材料相匹配。

　　冷镶嵌法的主要成分是牙托粉，它是医用材料，无腐蚀、无毒、无污染。经实践证明，应用于金相试样冷镶嵌中是很好的材料。镶嵌操作比用环氧树脂方便，固化时间也比较短。牙托粉为粉状物，将其装入小烧杯（或小瓷坩埚）后，加入适量牙托水，搅拌调制成稀胶质状且具一定流动性后，如使用环氧树脂方法，浇注入镶嵌模（如图 2-11 所示）中即可，浇注结束后静置，固化约 20 min。

还有一种真空冷镶嵌法，是使用冷镶嵌材料加固化剂调制，盛装于小杯中，通过真空泵在真空室内形成负压，开启插入小杯中的胶管夹，小杯中的冷镶嵌料在大气压力下被很快压入真空室冷镶嵌模内（见图2-12），固化剂渗入到试样的细微孔隙或裂纹中。这种镶嵌方法适用于多孔或是有细裂纹的试样，特别是粉末冶金、金属陶瓷样等。

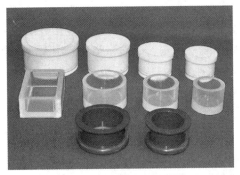

图 2-11　冷镶嵌使用容器

图 2-12　真空镶嵌

当试样与镶嵌材料之间的硬度差别较大，试样经镶嵌后抛磨，试样边缘总要发生圆角现象。因此，要获得没有圆角的平整磨面往往选用机械夹持的方法。如果夹具、填片、装夹等各环节都掌握好，即可得到所要求的试样磨面。为保证试样边缘不出现圆角，还可以采用电镀镀层的方法，钢铁试样可以镀铜、镀铁、镀铬等。

2.3　金相试样的平整与磨光

2.3.1　试样的平整

用手锯或锤击所得的试样表面较粗糙，因机械力的作用切割后的试样表层存在较深的变形层，还有由夹具夹持的试样，这些试样都需要用砂轮机进行打磨平整后才能得到一个平整的表面，平整又称为粗磨。在粗磨时由于砂轮机的转速极快，易产生很大的热量，并且接触压力越大产生的热量也越大，变形也越大，故操作时应注意下列问题：

（1）手持试样前后用力均匀，接触压力不可过大，以防过量发热及机械变形。

（2）平整时不断用冷却液冷却试样，以保证试样的组织不因受热而发生变化。

（3）凡不做表面层金相检验的，试样必须倒角，以免在以后的工序中划伤砂纸和抛光织物，甚至划伤手指。

（4）软材料要用锉刀锉平，不能在砂轮机上平整，以免产生较大的粗磨痕与大的变形层。

（5）平整完毕后，必须将手和试样清洗干净，防止粗大沙粒带入下道工序，造成较深的磨痕。

2.3.2　试样的磨光

2.3.2.1　磨光的目的

磨光又称为细磨，细磨的目的是消除粗磨留下来的深而粗的磨痕和变形层，也就是使试样表面的变形损伤逐渐减少到零，即达到无损伤，为抛光做好准备。磨光是在某种基底（例如砂纸的纸基）上的磨料颗粒以高应力划过试样表面，以产生磨屑的形式去除材料，在试样表面留下磨痕并形成具有一定深度的变形损伤层。因此，在实际操作过程中，只要使变形损伤减少到不会影响观察到试样的真实组织就可以了。

2.3.2.2　磨光材料

磨光通常在砂纸上进行，砂纸分为干砂纸（金相砂纸）和水砂纸两种。金相砂纸通常用于手工磨光，水砂纸用于机械磨光，即在磨光过程中需要用水、汽油、柴油的润滑冷却剂冷却。无论是金相砂纸还是水砂纸都是由纸基、黏结剂、磨料组合而成。磨料主要为 SiC、Al_2O_3 等，按照磨料颗粒的粗细尺寸来编号，粗细是按单位面积内磨料的颗粒度来定义的，常用的砂纸编号为：No. 180、No. 280、No. 320、No. 400、No. 500、No. 600、No. 700、No. 800、No. 900、No. 1000、No. 1200、No. 1500、No. 2000 等，号数越大砂纸越细。磨光过程中，应注意砂纸及磨光器材的选用和操作方法，合理制定磨光工艺，尽量将变形层减至最小。

还有一种新型磨光材料为研磨盘，它一般是使用酚醛树脂将金刚石微粉黏结于研磨盘。根据金刚石的粗、细选用。这种研磨盘具有很强的磨削力，高效并能获得很好的磨光效果，适用于硬质、脆性材料及复合材料的研磨。与普通的碳化硅水砂纸相比，这种研磨盘由于使用了金刚石磨料，材料去除速率大大提高，且能保持较长时间较高的材料去除速率，因此，从制样开始就可以使用粒度较细的磨料，以获得较低的残余损伤。这种新型的金刚石磨盘价格较贵，但耐用，寿命较长。如Buehler 公司生产的 HERCULES 型磨光片，如图2-13 所示。基体为不锈钢片，上面黏结有金属填料

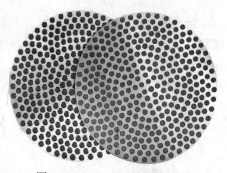

图 2-13　HERCULES 型磨光片

和衬垫，其直径约为 12 mm，衬垫只占制备表面的一部分，使表面应力得到控制并获得适度的材料去除速率，同时也能有效地清除磨屑并使变形量减小到最低。

2.3.3　试样的磨光方法

试样的磨光可分为手工磨光与机械磨光两类。

2.3.3.1　手工磨光

手工磨光是将金相砂纸放在玻璃板上，一手按紧砂纸，另一手持试样，使试样和砂纸相接触，并用手给予一定的压力向前推，同时保持压力均衡，砂纸由粗到细的磨制。图 2-14 为手工磨光操作示意图，图 2-15 为试样磨面在磨光过程中的变化。磨制时应注意：

（1）进行粗磨后，凡不做表面层金相检验的，棱边应倒成小圆弧，以免在以后工序中将砂纸或抛光织物撕裂。在抛光时还有可能被抛光织物钩住往外飞出，造成事故。

（2）磨制时用砂纸从粗到细逐次磨。在更换砂纸时，不宜跳号太多（一般钢铁材料用 No. 150(200)、No. 400、No. 600、No. 800、No. 1000 五个编号的砂纸磨光即可），因为每号砂纸的切削能力是保证在短时内将前一道砂纸的磨痕全部磨掉来分级的。跳号过多，

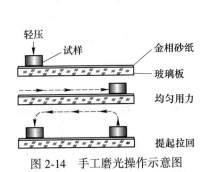

图 2-14　手工磨光操作示意图

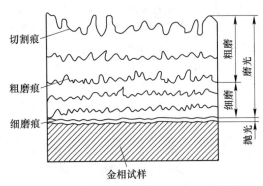

图 2-15　试样磨面在磨光过程中的变化图

不仅会增加磨削，而且前面砂纸留下来的表面变形层和扰乱层也难以消除，达不到消除划痕和内部损伤的目的。

（3）试样的磨制方向应和上道工序的磨痕垂直，当前磨制的划痕已经将上道砂纸留下的划痕完全覆盖，再换下一道砂纸，每换一道砂纸，试样换 90°，使新的磨痕方向与旧磨痕垂直，易于观察磨痕的逐渐消除的情况。当新的磨痕盖过旧的磨痕，而且磨痕是一个方向时，可更换下一号砂纸。

（4）磨制时对试样的压力要均匀适中，压力小磨削效率慢，压力过大则会增加磨粒与磨面之间的滚动，产生过深的划痕，不宜消除，而且又会发热并造成试样表面有变形层。

（5）试样和手要洗干净，以免将粗沙粒带到下道工序中，在磨制软试样时，应加煤油作润滑剂。

（6）砂纸一旦变钝，磨削效果变差，不宜继续使用，否则磨粒与磨面间的表面扰乱层会增加。

磨光开始选用什么粒度的砂纸，取决于材料的性质、试样表面的粗糙度等因素，同时对砂纸的特性也要有所了解。图 2-16 为碳化硅砂纸磨光速率及损伤层深度与砂纸粒度的关系。由图可知，磨粒大到一定尺寸（50～80 μm）后，磨光速率相差不多，但损伤深度却随磨粒尺寸增大而增加。因此，开始磨光时，并非砂纸越粗越好，通常可以从 No. 220 或 No. 280 用起，然后依次用 No. 400、No. 600、No. 800、No. 1000 砂纸磨制后，随后即可

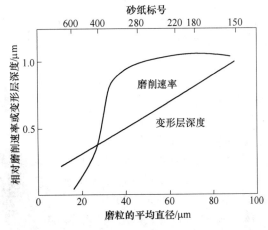

图 2-16　SiC 砂纸磨光速率及损伤层深度与粒度的关系

进行抛光，整个过程更换砂纸 4~5 次即可。对于较软的材料还应该用更细的砂纸磨制。

　　碳钢经砂轮和金相砂纸打磨后磨面逐渐被磨光的情况，见图 2-17（金相显微镜下进行 100×观察）。从图可知，砂轮打磨后的划痕不仅粗而且深（见图 2-17a），经 No.280 砂纸打磨后划痕已明显变细变浅（见图 2-17b），经 No.600 砂纸打磨后划痕密度减少，平坦的面增加（见图 2-17c），当打磨到 No.1000 砂纸时，不仅划痕变细、变浅，而且数量减少，平坦的面明显增加（见图2-17d），此时即可进行抛光操作。

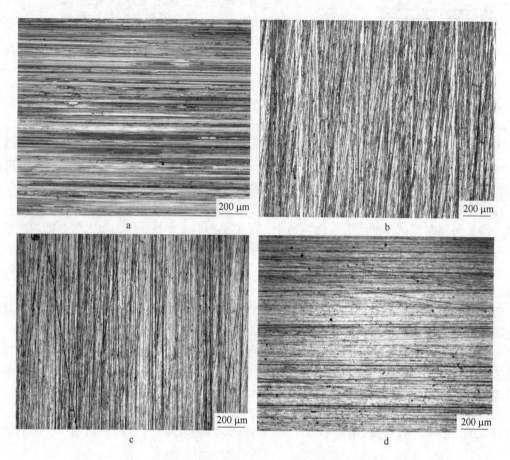

图 2-17　碳钢经砂轮及砂纸打磨后的磨痕形貌（100×）
a—砂轮；b—No.280 砂纸；c—No.600 砂纸；d—No.1000 砂纸

2.3.3.2　机械磨光

　　机械磨光是用水砂纸在预磨机上进行，磨制时也是从粗到细，机械磨制的优点是效率高，同时由于在磨制过程中有水不断冷却，热量及磨粒不断被带走，不易产生变形层。现有磨抛盘旋转方向可任意选择的磨抛一体机（见图 2-18），具备 0~1400 r/min 无级变速以及 150 r/min、300 r/min、450 r/min、600 r/min、700 r/min、900 r/min、1000 r/min、1400 r/min 八挡定速功能，效率更高。

图 2-18　磨抛一体机

2.4 金相试样的抛光

抛光的目的在于消除试样磨光后留下的细微磨痕，使试样的抛光面光亮无痕，犹如镜面，同时彻底去除变形层，得到一个适用的金相磨面。理想的抛光面应是平滑光亮、无划痕、无浮雕、无塑性变形层和不脱落的非金属夹杂物。

金相试样最终显示前的品质是由抛光品质决定的。而抛光前试样磨面磨制及产生变形层的情况又直接影响抛光品质。因此，在进行抛光工作以前，必须对磨面进行检查，如果在磨面上有较深的划痕，即使这些深磨痕为数极少，在抛光过程中也难以去除。在这种情况下，应重新对试样磨光，使磨面上只留下单一方向的均匀的细磨痕及较浅的变形层时，才能进行抛光。

抛光的方法按其使用本质分为机械抛光、电解抛光、化学抛光和综合抛光等。

2.4.1 机械抛光

2.4.1.1 机械磨光、抛光原理

我们对磨光、抛光机理的理解，来自拜尔培（Sir George Thomas Beilby FRS, 1850~1924 年，英国化学家）的研究。尽管他的观点已证明是错误的，但许多金相工作者仍受其抛光概念的影响，在这里有必要澄清，并建立新的概念。

20 世纪初，拜尔培提出了抛光的经典理论（Beilby Theory）[4]，抛光时试样表面凸起部分被挤抹到低凹部分，最后表面被一光滑层所覆盖，而且该层完全是非晶态物质。因此，它完全失去原来整体材料特征，人们称这一层为拜尔培层（Beilby layer），其厚度约为 10 nm。鲍登（F. P. Bowden）和休阿斯（T. P. Hughes）[5] 于 1937 年提出了一个似乎很合理的拜尔培层形成机制即当磨粒擦过试样凸起处时，局部的接触点受热可达熔点，而使凸起处流到凹下处，由于受到激冷，而使这部分材料成为非晶态，构成了拜尔培层。

拜尔培等提出抛光机制时，显微分析技术只有简单的垂直照明明视场，对表面较小的不规则、不敏感和无法分辨抛光层的组织。马尔赫恩（T. O. Mulhearn）和萨默尔斯（L. E. Samuels, 1922~2010 年，澳大利亚科学家）把理论模拟与现代研究手段（扫描电子显微镜、X 衍射、相衬金相等）结合起来，对磨光及抛光过程和试样表面进行了研究，提出新的磨光、抛光机制（Local Deformation Theory）。他认为磨光和抛光是机械作用。此理论分析为受控条件下的一系列 SiC 砂纸的实验数据验证。他们的成果，最终由萨默尔斯编撰成书 *Metallographic Polishing by Mechanical Methods*（ASM, 1967 年），到 2003 年为第四版。

萨默尔斯等[5]提出的新的磨光、抛光机制是：在砂纸上磨光，在抛光机上抛光，每颗磨粒均可以看作一把具有一定迎角的单面刨刀，其中迎角大于临界角的磨粒，起切削作用，而迎角小于临界角的磨粒只能在试样表面压出沟槽（见图 2-19），这两者均要挤压周围的金属，使试样表层产生塑性变形，形成试样表面的损伤层（见图 2-20），它包括外部可见划痕的严重变形层和试样表面下的显著变形层及变形层，损伤层的厚度随着磨粒尺寸增加而加厚，损伤层存在造成显微组织的假象，为确保显微组织的真实性，在后续工序中必须去除损伤层。

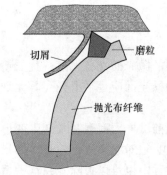 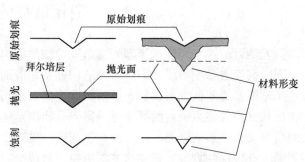

图 2-19 抛光时试样磨面被切削的示意图   图 2-20 抛光时拜尔培理论和局部形变理论的示意图

2.4.1.2 机械抛光用设备

机械抛光所用的设备是抛光机，抛光机主要由电动机带动抛光盘构成，结构比较简单。良好的抛光机不允许有径向和轴向的跳动，使用时抛光盘应平稳，噪声小，常用的抛光机有单头抛光机与双头抛光机，图 2-21 为单头抛光机。抛光速度一般 900 r/min 为宜，也可采用可调速的抛光机，以适应具有不同硬度材料的抛光。

随着科学技术的发展，抛光机日趋半自动化、自动化，制样的效率、质量不断得以提高。而自动/半自动抛（光）磨（光）机均由机械抛磨机发展而来。现在已将计

图 2-21 单头抛光机

算机技术应用到自动抛光机上，使自动抛光机实现程序自动控制，可批量进行金相试样的抛光工作，减轻制样的劳动强度。

2.4.1.3 抛光微粉、抛光磨料

作为抛光磨料应具有高的硬度、强度，其颗粒均匀，好的磨粒外形尖锐呈多角形，一旦破碎也会增加磨粒的切削刃口。若磨料磨钝后形成圆粒，就会失去磨削能力，只能在抛光盘和试样磨面之间滚动，容易使表面形成有害的扰乱层，甚至会把金属材料中的夹杂物脱出。因此，抛光磨料必须有所选择，一方面是切削性能，另一方面颗粒尺寸必须≤28 μm，而且要均匀，最大磨粒尺寸不得大于最小磨粒的 3 倍，只有使用符合上述要求的抛光粉才能使试样磨面经抛光后达到质量要求。

常用的抛光磨料有：

（1）氧化铬（Cr_2O_3）：呈绿色，具有很高的硬度，用来抛光淬火后的合金钢试样，也可用于铸铁试样。

（2）氧化铝（Al_2O_3）：硬度极高，硬度略低于金刚石与碳化硅，天然的氧化铝称为刚玉。广泛使用的是人工制得的电熔氧化铝沙粒——人造刚玉的纯度越高越接近无色透明。金相抛光采用透明氧化铝微粉，是较理想的抛光磨料，它可分为 M1～M10，M1 最细，M10 最粗，一般粗抛用 M7，精抛用 M3。

（3）氧化镁（MgO）：一种极细的抛光磨料，很适用于铝、锌等有色金属的抛光。也

适用于铸铁及夹杂物检验的试样。氧化镁呈八面体外形，具有一定硬度并有良好的刃口，但很容易潮解，从而丧失磨削力。

（4）金刚石研磨膏：它是由金刚石粉配以油类润滑剂制成，特点是抛光效率高，抛光后表面质量好，分 W20~W0.5，粗抛用 W7~W5，精抛用 W2.5~W1.5。

（5）高效金刚石喷雾研磨剂：是一种新型高效抛光剂，硬度极高，磨削力极强，制备的样品表面粗糙度低，适用于宝石、玻璃、陶瓷、硬质合金及淬火钢试样的抛光。规格有 W40~W0.25，对于钢一般粗抛用 W5，精抛用 W1。

2.4.1.4 抛光织物

抛光织物在抛光过程中主要起支撑抛光磨料的作用，磨削作用可阻止磨料因离心作用而飞出去，其次是起储藏部分水分和润滑剂的作用，使抛光能顺利进行，再次是织物本身能产生摩擦作用，能使试样磨面更加光滑、平整。

抛光织物的种类较多，有棉织物、呢子、丝织物和人造纤维等，一般可依据表面绒毛的长短把它们分成三类：

（1）具有很厚绒毛的织物，如天鹅绒、丝绒等是常用的抛光织物。但不宜抛光检验夹杂物与铸铁试样，由于长的绒毛会使夹杂物与石墨发生拖尾现象，也容易出现浮雕现象。

（2）质地坚硬致密不带绒毛的织物，如绸缎等织物，使用时用反面作为抛光面，主要用于抛光夹杂物及观察表面层组织的试样。

（3）介于二者之间，具有较短绒毛的织物，如法兰绒、呢子、帆布等，这类抛光布耐用，抛光效果和速度也较好，常用于粗抛。

抛光对织物的要求是：织物纤维柔软、坚固耐磨，不易撕破。抛光织物的选择主要决定于试样材料的性质与检验目的。

2.4.1.5 抛光操作

制备优秀光洁的金相试样，除抛光织物和微粉的正确选择外，还需要正确的抛光方法和熟练的技巧。金相试样抛光工序一般分为粗抛与精抛两道，较软的合金试样一般不经粗抛而直接进行精抛，或采用其他抛光技术，以免造成严重的扰乱层。

粗抛的目的是消除细磨留下来的划痕，为精抛做准备，粗抛常用帆布、粗呢、法兰绒与粒度较粗的抛光剂。

精抛的目的是消除粗抛留下来的划痕，得到光亮平整的磨面，精抛常用织物丝绒，用细的磨料。

（1）抛光操作要领及注意事项：

1）试样经截取、磨光后可能存在有残油或附着一些磨料微粒。因此，抛光前必须进行清洗，超声清洗是最有效和彻底的清洗方法，不仅可以除去表面的污物，而且可除去缝隙、气孔内的细小污物，通常清洗时间为 20~30 s。除此之外，抛光盘、工作台和操作者的手，也应保持洁净。

2）无论粗抛还是精抛，抛光时握稳试样，磨面应均衡地压在旋转的抛光盘上，用力不宜太重，试样上的磨痕方向应与抛光盘转动的方向垂直，并左右或沿径向方向缓慢移动，防止非金属夹杂物的"拖尾"现象，当划痕完全消除后，应立即停止抛光，以减少表层金属变形。

3）抛光时应注意抛光液的浓度不宜过大或过低，过大并不会提高抛光速度，浓度太低则会明显降低效率。

4）同时要控制湿度，要随时补充磨料及适量的水（润滑剂），以弥补水分的逐渐散失。湿度太大会减弱抛光磨削作用，增加滚动作用，使试样内较硬相呈现浮雕，使非金属夹杂物及铸铁中的石墨拖出。湿度太低，容易使磨面产生过热或黏结抛光剂并降低润滑性，可能拖伤磨面，磨面失去光泽而有斑点，软合金则易抛伤表面，出现麻点、黑斑。实际操作过程中，避免连续冷却剂的注入，避免样品表面检查时有水汪汪的感觉。最理想的检验抛光织物上湿度是否合适的办法，是观察试样抛光面上水膜蒸发的时间，当试样离开抛光盘后，抛光面上附着的水膜应在 2~5 s 内蒸发完毕。

5）完成抛光程序的试样应及时进行清洗和检查。

（2）清洗：金相试样抛光全部完成后先用水冲洗，再用无水乙醇清洗。

（3）检验：低倍检验和显微镜检验。

1）低倍检查：将试样的抛光面置于明亮光线下，用目视或放大镜仔细观察；观察时不同角度的转动，更易看清试样上的情况。合格的抛光面应当符合以下要求：

① 平整、光洁、反射性好；

② 无污染、斑点、水迹、抛光剂残留物；

③ 无划痕；

④ 无橘皮状皱纹，多为变形层、扰乱层所致；

⑤ 无麻点、抛光引起的蚀坑；

⑥ 需要保护的边缘不能出现圆角。

2）显微镜检查：对于需要摄影的试样应在放大 100× 显微镜下进行检验，应符合以下要求：

① 无妨碍金相摄影的划痕；

② 无组织及夹杂物曳尾现象；

③ 无污点；

④ 无因磨料嵌入而引起的黑点。

在试样制备过程中，表层金属由于受机械力的作用会产生变形扰乱层，影响组织的正确性显示，混淆分析结果。尤其是一些较软材料的试样，如奥氏体钢、铅、锡、锌、铝等，易产生表面变形层，可用抛光-浸蚀交替操作或抛光-化学抛光方法进行消除。

2.4.2　化学抛光

化学抛光是通过化学药剂的溶解作用得到抛光的表面，这种方法操作简单，不需任何仪器设备，只需要选择适当的化学抛光液和掌握最佳的抛光规范，就能快速得到较理想的光洁而无变形层的表面。

2.4.2.1　基本原理

金属试样表面由于各组成相的电化学电位不同，形成了许多微电池，因此在化学溶液中产生不均匀溶解。在溶解过程中试样表面会产生一层氧化膜，试样表面凸起部分由于黏膜薄，金属的溶解扩散速度比凹陷部分快，因而逐渐变得平整。因化学抛光的速度较慢，抛光后的表面光滑，但形成有小的起伏波形，不能达到十分理想的要求。在低和中等放大倍数下利用显微镜观察时，这种小的起伏一般在物镜垂直鉴别能力之内，仍能观察到十分清晰的组织。化学抛光时兼有化学浸蚀作用，因此多数情况下能同时显示组织，抛光结束即可观察组织，不需再做浸蚀显示。

2.4.2.2 化学抛光液

化学抛光液主要由氧化剂和黏滞剂组成。氧化剂起抛光作用，它们由酸类和过氧化氢组成。常用的酸类有：正磷酸、铬酸、硫酸、醋酸、硝酸、氢氟酸等。黏滞剂用于控制溶液中的扩散和对流速度，使化学抛光过程均匀的进行。

2.4.2.3 化学抛光操作与注意事项

（1）试样应经精磨光，最后一道砂纸磨至 No. 800，清洗。

（2）根据试样材料选择化学抛光液配方，配溶液时应用蒸馏水，药品用化学纯试剂。对于某些不易溶于水的药品，如草酸需要加热到 60 ℃，对于某些药品甚至需要加热到 100 ℃才能溶解。过氧化氢和氢氟酸腐蚀性都很强，需注意安全。

（3）化学抛光溶液应在烧杯中调配，试样可以用竹或木夹夹住浸入抛光液中，一边搅拌并适时取出观察直至达到抛光要求为止。

（4）化学抛光后，试样应立即清洗、吹干。

（5）化学抛光液经使用一段时间后，溶液内金属离子增多，抛光作用减弱，需经常更换新溶液。

2.4.2.4 化学抛光的优缺点

优点：操作简单、快速，无需专用仪器。抛光后的试样表面无变形层，可抛光经镶嵌后的试样，可同时抛光试样的纵横断面。化学抛光兼有化学侵蚀作用，能显示出金相组织。因此，化学抛光后不必再进行浸蚀操作。此外，化学抛光对试样磨面的预先磨光要求不高，一般经 No. 600～No. 800 砂纸磨制后即能进行化学抛光。

缺点：抛光液容易失效，溶液消耗快，试样的棱角易受蚀损，抛光面易出现微小波纹起伏，高倍观察受到影响。

2.4.3 电解抛光

2.4.3.1 电解抛光的概念

电解抛光采用电化学溶解作用，使试样达到抛光的目的。电解抛光（也称阳极抛光或电抛光）是把试样作为阳极，而把另一种经选择的金属作为阴极，将试样放入电解液中，接通直流电源，在一定的电制度下，使试样磨面上凸起处产生选择性溶解，逐渐使磨面变得平整光滑，之后经电解浸蚀显示出试样的组织，电解抛光装置如图 2-22a 所示。

2.4.3.2 电解抛光的原理

金相试样电解抛光（Electrolytic Polishing）是由法国人杰盖（France P. A. Jacquet）发明的。目前对电解抛光的本质还没有一个完全肯定的解释，有好几种假说试图说明其机理，但是没有任何一种能够充分解释所有的实验数据。现在的解释有黏膜假说、扩散假说、电解去晶假说、电冲击假说等。这些假说中，薄膜理论被认为是较合理的假说。

  薄膜理论认为：电解抛光时，靠近试样阳极表面的电解液，在试样上随表面的凸凹不平形成了一层厚薄不均匀的黏性薄膜。由于电解液被搅动，在靠近试样表面凸起的地方，扩散流动得快，形成的膜较薄；而靠近试样表面凹陷的地方，扩散流动得较慢，形成的膜较厚。试样之所以能够被抛光与这层厚薄不均匀的薄膜密切相关，膜厚的地方，电流密度小，膜薄的地方，电流密度大。试样磨面上各处的电流密度相差很多，凸起顶峰的地方电流密度最大，金属迅速地溶解于电解液中，而凹陷部分溶解较慢（见图2-22b）。这样，凸出部分逐渐变平坦，最后形成光亮平滑地抛光面。要保持这一层有利于电解抛光的薄膜，需要一些条件的配合，这与抛光材料的性质，所采用电解液的种类有关外，还与抛光时所加的电压与通过的电流密度有关。根据实验找出电压-电流关系曲线，可以确定合适的电解抛光规范。

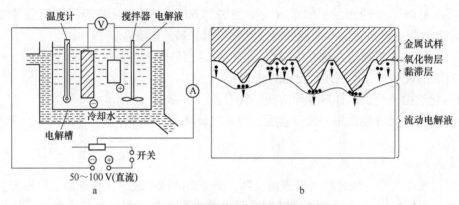

图 2-22   电解抛光装置与抛光原理示意图

a—电解抛光装置；b—电解抛光原理

2.4.3.3   电解抛光溶液

  电解抛光因金属材料的不同，相应的电解抛光液也不同。电解抛光液的成分是确定电解抛光品质的重要因素，正确地选用抛光溶液至关重要。根据电解抛光过程的特性和操作的需要，一般对电解抛光溶液有以下要求：

  （1）应该有一定的黏度。

  （2）当没有电流通过时，阳极不受浸蚀，在电解过程中阳极能够良好的溶解。

  （3）电解液中应该包含一种或多种半径大的离子，如 PO_4^{3-}、ClO_4^-、SO_4^{2-} 或大的有机分子。

  （4）便于室温有效的使用，随温度的改变不敏感。

  （5）配置时应该简单、稳定、安全。

  A   电解抛光液的组成

  按照以上要求电解抛光液一般由以下三部分组成。

  （1）酸类：过氯酸、铬酸、正磷酸、硝酸等。具有氧化能力，是电解抛光的主要成分。其作用，有的是钝化或氧化试样产生沉积于阳极上的黏稠膜。有的是去其浓度以刚好能使氧化层稳定并保持很薄，有的则改变所形成的薄膜性质。

  （2）溶媒：用来冲淡酸类，并能溶解在抛光过程中磨面上所产生的薄膜，如酒精、冰醋酸、醋酸酐、甘油等。

（3）水：基本稀释剂，控制电解液的浓度，一般应用蒸馏水。

B　电解抛光液的种类

电解抛光液的种类很多，应用广泛的电解液主要有两种，一种是高氯酸电解液，另一种是铬酸电解液。从使用温度条件来看，前者属于"冷法"电解抛光液，在使用过程中给予充分的冷却，以保证电解液温度不升高，一般使用温度低于 50 ℃。工作时电压高一些，电流也大些，试样应靠近阳极，抛光速度很快，被认为是优良的金相电解液。使用这种电解液时要特别注意安全，由于高氯酸一经脱水就形成氯酐，极容易爆炸，必须有冷却措施。后者属于"热法"电解抛光液，在使用时应保持一定温度高于50 ℃，故在工作时应不断加热以保持正常工作条件，这种抛光液的缺点是电解抛光时间较长。因此，根据试样材料在查阅资料选用电解抛光液时，应注意使用温度提示。电解抛光液的规范不容易得到，有关资料所给数据不确切、不完整，加上材料的差异，使得抛光效果不稳定，不理想，这时可以进行一些试验、探索工作，在试验与探索中应关心以下几个要点：

（1）试样在电解抛光液槽中的取向；

（2）阴极材料选用；

（3）阴阳极表面积比；

（4）阴阳极间的距离；

（5）电解抛光溶液温度；

（6）试样在电解抛光溶液中的深度；

（7）电流密度和电压；

（8）电解抛光时间。

常用的电解抛光液见表 2-2。

表 2-2　常用的电解抛光液和规范

抛光液名称	成分/mL		规　范	用　途
高氯酸-乙醇 水溶液	乙醇 水 高氯酸（$w=60\%$）	800 140 60	30~60 V 15~60 s	碳钢、合金钢
高氯酸-甘油 溶液	乙醇 甘油 高氯酸（$w=30\%$）	700 100 200	15~50 V 15~60 s	高合金钢、高速钢、不锈钢
高氯酸-乙醇 溶液	乙醇 高氯酸（$w=60\%$）	800 200	35~80 V 15~60 s	不锈钢、耐热钢
铬酸水溶液	水 铬酸	830 620	1.5~9 V 2~9 min	不锈钢、耐热钢
磷酸水溶液	水 磷酸	300 700	1.5~2 V 5~15 s	铜及铜合金
磷酸-乙醇 溶液	乙醇 水 磷酸	380 200 400	25~30 V 4~6 s	铝、镁、银合金

2.4.3.4　电解抛光的优缺点

电解抛光与机械抛光相比，其优点为：

（1）电解抛光是那些难于用机械抛光方法制备金属抛光面的理想手段，尤其是存在金属干扰层和人为机械孪晶的场合。对于极低载荷的显微硬度试验或 TEM 薄膜制样都极其重要。

（2）电解抛光容易得到一个无擦划残痕的磨面，由于无机械力的作用，也不产生附加的表面变形，易消除表面变形扰动层。因此，经电解抛光的金相试样能显示材料的真实组织，尤其是硬度较低的金属或单相合金，对于极容易加工变形的合金，如奥氏体不锈钢、高锰钢等采用电解抛光更为合适。

（3）对于较硬的金属材料用电解抛光法比机械抛光快得多。而且电解抛光能够抛光多面的或非平面异形试样。电解抛光既可节省抛光时间，又能节省抛光材料，对试样磨光程度要求低，一般经 No.800 砂纸打磨后，就可进行抛光。

（4）抛光工艺参数一旦确定，效果较稳定。对于大面积的金相试样，同样可获得良好的结果。

缺点：

（1）尽管电解抛光具有很多优点，但有些电解抛光表面因钝化面而难于浸蚀，从而容易出现假象。

（2）电解抛光对金属材料成分的不均匀性及显微偏析特别敏感，所以对具有偏析的金属材料难以进行良好的电解抛光，甚至不能进行电解抛光。含有夹杂物的金属材料，不少溶液会先浸蚀非金属夹杂物，如果夹杂物受电解浸蚀，则夹杂物会被全部抛掉，如果夹杂物不被电解浸蚀，则保留下来的夹杂物会在试样表面上凸起形成浮雕。

（3）电解抛光因金属材料的不同，相适应的电解抛光液也不同。

（4）直流电压的高低、电流密度的大小也有差异，在没有参考依据时，需进行相当多的试验来确定相适应的电解抛光规范。

（5）有些电解液不仅有毒而且还有强腐蚀性，甚至会爆炸。

2.4.3.5　电解抛光装置与操作

电解抛光装置可分为两类。

一类为专门设计制造的成套装置，有专门电源，其中包括整流和连续电压调节及定时控制装置等。另有电解液容器，除有固定阴极外（阴极常用奥氏体不锈钢，有时也用铝板和铅板），还有一个耐蚀的小电动泵，驱使电解液循环流动与阳极试样接触。

另一类装置实用简单，也是实验室内很容易建立起来的实验装置，也是常用的简易电解抛光装置。简易电解抛光装置一般采用直流电源，电压一般量程为 0～100 V，电压可调。电流表以 mA 和 A 刻度，并有直流输出正负极插口，电解抛光槽一般用玻璃杯即可，容量为 0.5~1 L，杯子太小，温度容易升高，给操作带来困难。

电解抛光操作步骤：

（1）测量试样抛光的表面面积。

（2）用洗涤剂彻底清洗试样，清洗后用蒸馏水漂洗，如果试样表面与水不完全湿润，应再重复清洗。

（3）用已与电源正极连接好的不锈钢夹，夹牢试样边部。

（4）将电解液注入电解槽中。

（5）将阴极板放入电解液中并与电源负极导线连接（阴极面积不能小于 50 mm²，阴极面积小，电流就会不均匀），阴极板可以直立，也可以平放在电解槽内，欲抛光的金相试样的磨面也置于电解槽中，抛光面应正对阴极。

（6）把试样放入电解液中，接通电源，调整到所要求的适当电压，电解抛光一般采用电压在 50 V 以下，输出电流要能达 2.5 A。

（7）调整阳极距离，便于得到预期的电流密度。

（8）对于简易电解抛光仪，在抛光过程中可插入一支温度计，以便检测电解液温度。

（9）达到所要求抛光的时间，取出试样，断开电源开关。立即用水漂洗，然后酒精清洗，干燥后即得到抛光好的试样。

影响抛光时间的主要因素是电解液本身的抛光能力、金相试样待抛面预先的粗糙度（一般要求磨制到 No. 600 或 No. 800 砂纸）以及电解液的新旧程度。建议参看 YB/T 4377—2014 金属试样的电解抛光方法。

有关电解抛光液的操作及注意事项详见附录 1。

2.4.4　综合抛光

机械抛光、化学抛光以及电解抛光这三种抛光方法，都有各自的特点，也都得到了广泛的应用。但由于某些材料的特性，用以上三种方法单独进行难以实现抛光时，可选用综合抛光方法（对某些材料是必须选用的），综合抛光方法分类见图 2-23。

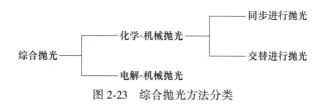

图 2-23　综合抛光方法分类

2.4.4.1　化学-机械抛光

化学-机械抛光方法可以同步也可以交替进行。

（1）化学-机械抛光同步方法：在机械抛光的抛光微分悬浮液中加入有机化学活性的试剂，试样抛光面在受到抛光微分磨削作用的同时，也受到化学腐蚀作用，从而使抛光、腐蚀（促进抛光的作用）和润湿同时进行。很多金属材料及其合金（特别是硬质合金）试样制备均适合这种方法。

（2）化学-机械抛光交替方法：这种方法适用于一些易于产生变形层和易于氧化的软金属试样，如铅、锡等。机械抛光按常规方法进行，短时抛光后（约几分钟），试样用竹夹子夹住，在选定的化学抛光液中晃动约 10 秒，目的是腐蚀去除表面氧化层和变形层，之后又进行短时机械抛光和化学抛光，如此反复 3～4 次后，试样表面越来越亮，至光亮洁净为止。

2.4.4.2　电解-机械抛光

电解-机械抛光是将电解抛光与机械抛光结合为一体的试样抛光方法。抛光盘与塑料圆盆组合，盆中盛适量电解质和抛光微分混合液。将试样接通阳极，抛光盘以点接触擦动方式接通阴极。戴手套持试样如机械抛光方法操作。电制度参考相关手册。电解液常用的成分有硫代硫酸钠、草酸、苦味酸、过氧化氢等的稀溶液。

2.4.5　振动抛光

振动抛光（Metallographic Vibratory Polishing）方法已有 40 多年的历史，振动抛光能去除细小划痕，适用于各种材料金相试样的抛光，尤其是用于易于产生塑性流变的材料抛光操作。振动抛光不仅能够获得没有变形层和扰乱层的优良磨面，而且可用来制备透射电子显微镜用的金属薄膜试样。目前在表面结构研究方面得到了广泛的应用，如用于背散射电子衍射（Electron Back-Scatter Diffraction, EBSD）分析样品的制备。

2.4.5.1　振动抛光机

振动抛光机的构造示意图如图 2-24 所示。抛光盘通过弹簧片与底座相连接，弹簧片与底座及抛光盘成 75°。电磁铁固定在底座上，由矩形硅钢片做成的衔铁固定在抛光盘面，其与电磁铁有很小间隙。通过电磁铁的电源经过半波整流（半波整流的固有频率为50 Hz）电流通入电磁铁的线圈后，产生脉冲垂直吸力，使弹簧系统产生受迫振动。由于弹簧片是倾斜安置的，抛光盘在电磁吸力的作用下，将产生向下的螺旋运动；当脉冲吸力消失（即电磁铁不工作的半波）时，抛光盘则产生相反的向上螺旋运动。抛光盘与弹簧构成一个包含有扭转运动和往复运动的螺旋系统，为了使振动系统产生较大的振幅，要让抛光机在接近共振条件下工作。图 2-25 为 BUEHLER 公司生产的 Vibromet 2 型振动抛光机。

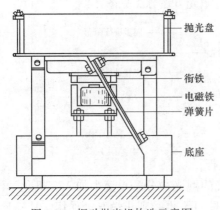

抛光盘
衔铁
电磁铁
弹簧片
底座

图 2-24　振动抛光机构造示意图

图 2-25　Vibromet 2 型振动抛光机

2.4.5.2　振动抛光的原理

振动抛光工作时，位于抛光盘内的试样实际运动情况是很复杂的。振动抛光机工作原理图（见图 2-26），图中水平线段 A_1、B_1、C_1 及 A_2、B_2、C_2 分别表示抛光盘的同一小段在振动时所处的最高和最低位置。虚线 A_1 到 A_2、C_1 到 C_2 表示抛光盘的螺旋运动轨迹。当抛光盘被电磁铁吸下时，试样因其自重由位置 1 以自由落体方式降到位置 2，当电磁铁放开，抛光盘向上运动到最高点时，由于惯性的作用，试样只能运动到位置 3，即 B_1。试样与抛光盘上制备表面的相对运动相当于从 C_1 到 B_1，这就是磨光或抛光行程，而观察到的试样净位移则是从 A_1 到 B_1。可见，试样与抛光盘之间的相对运动并不是连续的，由于上述过程在一秒内要重复 50 次，因此，只能看到试样在抛光盘内作均匀的圆周运动。

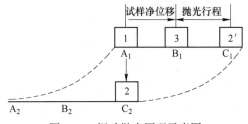

图 2-26 振动抛光原理示意图

2.4.5.3 振动抛光效率

试样的振动抛光效率与抛光盘的水平振幅有关。振幅太小时，单位时间内抛光行程很小，抛光效率太低；振幅过大时，试样会产生跳动，反而起不到抛光作用。因此，在试样不产生跳动的条件下尽量增大振幅。此外，对不同的材料选用合适的抛光织物、磨料以及抛光规范。

由于振动抛光设备结构简单，一台设备中可同时抛光十几个试样，且可随时取出或放入，故效率很高，抛光质量好，夹杂物不易脱落，几乎不产生变形层和损伤层，在电子背散射衍射（EBSD）分析测试中样品的制备得到应用，是很有前途的抛光方法。图 2-27 为某种材料的机械抛光效果，由图可知，在白色的第二相组织中可观察到明显的细微划痕，经过振动抛光后（见图 2-28）无论是第二相组织还是基体组织均无划痕，组织清晰，层次分明，为理想的抛光效果。

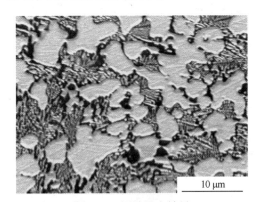

图 2-27 机械抛光效果

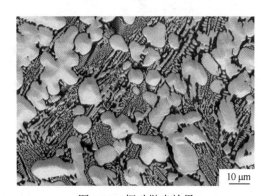

图 2-28 振动抛光效果

2.5 金相试样制备常见缺陷产生的原因及其排除方法

金相试样在制备过程中由于环节多、影响因素较多，操作不当经常会出现各种各样的缺陷，从而不能获得合格的金相试样，给微观组织分析观察带来干扰，应避免缺陷。这里主要介绍金相试样制备过程中常见缺陷产生的原因及其排除办法。

2.5.1 试样表层变形层

试样在磨制过程中，表层金属由于受到机械力的作用发生流动，在最顶面形成一层应变流动而呈非晶质状态，而在它的下面还有一层受变形的金属层，称为表面变形层。试样磨光时，不可避免的表面会留下不同程度的变形层和损伤层，变形层的存在影响了组织的正确显示，可混淆分析结果。

对于变形层的危害，美国科学家维立拉（Jose Ramon Vilella，1897~1971 年）在 1938年，首先指出，若试样制备不当，试样表面将出现变形层，导致出现假象。抛光也会产生轻微变形层（特别是对较软的金属，在抛光过程中压力过大、时间过长，变形层会变深），这会使显微组织受到影响或不真实，有时也会降低组织衬度。

磨面表层金属变形层，可采用化学浸蚀+机械抛光方法交替进行。试样需要经过多次浸蚀抛光交替操作，前几次采用深浸蚀，浸蚀后抛光成光亮镜面，再观察变形层去除的程度，至消除为止。一般试样要经过 4~5 次交替抛光操作，尤其是硬度较低的材料，如：铜、铝、锌、铅等金属磨制时最容易产生变形层，该方法有效。对于变形层厚度较大的，需要重新磨光，磨光时施加的力要小。

2.5.2　彗星尾

试样上有硬颗粒或孔洞时，在抛光过程中产生逐渐发散、颜色阴暗的线，其外形类似彗星的尾部，称为彗星尾。图 2-29 为嵌入树脂与试样缝隙之间的磨料颗粒造成的彗星拖尾现象。硬颗粒可能是非金属夹杂或氮化物，这是金属生产的特殊现象，该缺陷被解释为单一方向研磨造成的现象，见图 2-30（氮化退火热作工具钢 H13）。

图 2-29　磨料颗粒造成的彗星拖尾（200×）　　　图 2-30　沿单一方向研磨造成的彗星拖尾（200×）

解决办法：抛光前进行超声波清洗。

消除方法：对于嵌入树脂与试样缝隙之间的磨料颗粒造成的彗星拖尾现象的消除办法是抛光前进行超声波清洗。对于非金属夹杂或氮化物等硬颗粒沿单一方向研磨造成的彗星拖尾现象，其消除办法在抛光时应不断变换抛光方法，避免单向抛光，这将有利于消除出现彗星尾的现象，或使用质地较硬的无绒抛光布，降低载荷，手工制备时避免单研磨。图 2-31 为球墨铸铁沿单一方向抛光过程中产生的拖尾和污染现象（武汉大学李朝志老师提供）。

2.5.3　倒角（圆角）

试样在较快的摩擦速率下，边缘平整度发生改变，在光学显微镜下无法与内部基体处在同一焦平面（见图 2-32），这种现象称为倒角或圆角。镶嵌试样时如果试样与镶嵌材料的硬度不同，在制样过程中很容易发生试样边沿倒角，尤其是当试样硬度高而镶料的硬度

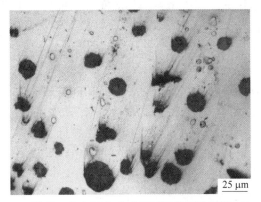

图 2-31　沿单一方向抛光造成的石墨拖尾和污染（250×）

低时，制样抛光时间长就很容易产生倒角，试样与镶嵌材料之间的收缩缝隙在制样过程中也容易产生倒角。图 2-33 为镶嵌试样未发生倒角的正确现象。

图 2-32　出现圆角后试样边沿与心部不在同一平面

图 2-33　未出现圆角试样边沿与心部在同一平面

　　消除方法：避免使用绒毛抛光布抛光，不宜长时间抛光，冷镶树脂最好用环氧树脂（添加一些硬质颗粒以提高硬度，保持平整度）。

2.5.4　嵌入

　　嵌入指硬的研磨颗粒被固定在软试样表面的现象。对低熔点合金来说，该问题很普遍，例如铅、锡、铍、镉、锌、铝和贵重金属，但难熔金属，例如钛，也观察到同样的现象。小颗粒比大颗粒更容易嵌入。

　　消除办法：降低抛光载荷、转速和时间。避免使用较细粒度的 SiC 砂纸和细小粒度的金刚石悬浮液（3 μm 金刚石抛光膏要比悬浮液好得多）。

2.5.5　拔出

　　在制备过程中，第二相微粒被去除（无论第二相微粒比基体硬还是软）的现象称为拔出。如果第二相微粒与基体之间的界面结合较薄弱或者当第二相微粒很脆时，拔出现象就更严重了。

　　产生的原因：在 SiC 砂纸研磨时间过长，在一张 SiC 砂纸研磨时间不要超过 60 s，抛光时间过长，载荷太大。

消除办法：使用无绒抛光布，降低绒毛抛光布上的载荷，使用合适的润滑剂避免第二相微粒被拔出。

2.5.6 浮雕

当材料组织由软硬程度不同的相组成时，因各相的磨削能力不同，第二相微粒与基体之间具有不同的研磨和抛光速率，导致第二相微粒与基体之间的高度相差太大。比如软的第二相微粒研磨和抛光速率比基体快，导致第二相微粒低于基体，硬的第二相微粒研磨和抛光速率比基体低，导致第二相微粒高于基体，使得组织呈现浮雕感。

产生原因：使用绒毛抛光布和长时间抛光所致。

消除办法：使用无绒抛光布，缩短抛光时间。

2.5.7 划痕

与磨削颗粒以特定的方向接触而出现在试样表面的条状线形切口。凹槽因研磨产生，切口的深度和宽度由研磨颗粒的尺寸、研磨颗粒与试样表面的角度、载荷以及其他因素决定。

产生原因：划痕因粗研磨颗粒导致磨抛表面污染。图2-34为磨光时操作不当产生粗细不同以及方向不同的划痕形貌，这种情况不宜进行抛光操作，这将会给抛光带来难度。

消除办法：试样磨光时每更换一道砂纸时，必须将上一道砂纸产生的划痕消除，并保持操作过程的清洁，每换一道细砂纸时应清洗手、试样和设备，以免上一道粗砂纸的粗沙粒带到下一道。

2.5.8 污染

污染物残渣留在试样表面。抛光时试样和研磨颗粒或润滑剂的交互作用下，污染物残渣可能会在第二相微粒周围聚集。或者由于不恰当的清洁或干燥，以及在制备或腐蚀时试样和溶剂的交互作用下，污染物残渣聚集在基体周围，见图2-35。

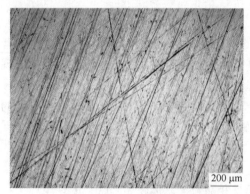

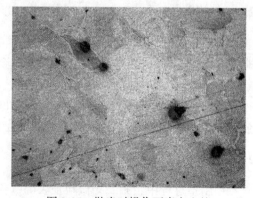

图 2-34 磨光时操作不当产生的深浅及
方向不同的划痕（100×）

图 2-35 抛光时操作不当产生的
污染现象及划痕（500×）

试样和抛光布最少清洗6~10 s，这样一来随后的清洁就容易了。另外用脱脂棉擦洗试样的表面，然后用酒精冲洗并用热风吹干。

2.5.9 麻点

因抛光时间过长，往往发生在碳钢的抛光过程中。

消除办法：抛光时用力要轻，尽量缩短抛光时间。

2.6 常用金属材料、有色金属与硬质合金试样制备技术概要

极硬或极软金属材料的金相磨片制造，比钢铁磨面更为困难。像硬质合金，因太硬而难以抛磨；铝、铜、铅等金属又因过软而很容易产生金属变形。此外，像钢中的非金属夹杂物或铸铁中石墨的检验，也需要特殊的抛光技术。以下就不同金属分别简述[2,4,6]。

2.6.1 铝及其合金

铝及铝合金试样极易变形，表层常有变形层存在，为了防止表层组织的变形，从切割至精抛光都应遵循下述操作方法。

(1) 磨光。铝及铝合金试样用手锯截取，截取后用刃口锐利的细板锉刀锉平，以代替机械磨光，试样边缘最好能倒角。

经锉平的试样，逐次用 No. 400、No. 600、No. 800、No. 1000 砂纸进行细磨，磨光时在金相砂纸上滴一些石蜡润滑剂（25 g 石蜡融在 500 mL 煤油中）以减轻砂砾对金属的滚压作用。磨光时压力宜轻，每调换一号砂纸，必须用适当的溶剂（汽油或煤油）清洗干净，去除附着在试样表面的磨粒及磨损。

(2) 抛光。

1) 机械抛光。粗抛光以 600 筛氧化铝水悬浮液作为抛光磨料，在抛光盘上厚的帆布，转盘转速在 300 r/min 左右。最后精抛光用分级氧化铝或氧化镁作为抛光磨料，其中后者，以其颗粒较细更为合适。用氧化镁抛光应遵照以前所述的操作方法。抛光盘速度在 100~200 r/min 间，抛光织物最好用长毛的绒布或细丝。

铝硅、铝镁与铝铜合金的硬度较高，不如纯铝那样容易产生表层变形层金属，可以不必用上述的特殊抛光方法操作。

对于工业纯铝和高纯铝以及软铝合金试样采用机械抛光难以消除抛光划痕，则采用化学抛光或电解抛光方法。

2) 机械-化学抛光。机械-化学抛光溶液为 0.5% 的 NaOH 水溶液，抛光布上涂抹粒度为 1 μm 的金刚石抛光膏，在抛光过程中不断滴加抛光剂于抛光布上，抛光结束后应对试样进行充分清洗、干燥。

化学抛光。常用的化学抛光剂的成分：70 mL（磷酸）+12 mL（醋酸）+15 mL（水）。工艺参数为：工作温度 95~120 ℃，时间 2~6 min。

3) 电解抛光。经细砂纸或机械抛光后的试样，用体积分数 20% 硝酸溶液洗去表面油污，用水冲洗，再用无水乙醇擦干表面后，方可进行电解抛光。

按照国家标准 GB/T 3246.1—2012 变形铝及铝合金制品显微组织检验方法中推荐成分和工艺如下：

电解抛光液成分：20%高氯酸（10 mL）+无水乙醇（90 mL）的混合溶液。

电解抛光工艺参数：电压 25~60 V，抛光时间 6~35 s，电解液温度低于 40 ℃。

电解抛光操作：在电解抛光过程中可摆动试样，但抛光面不得脱落电解液。抛光结束后用水冲洗试样，然后在 30%~50%硝酸溶液中清洗试样表面上的电解产物，最后用水冲洗、无水乙醇棉球擦干。

2.6.2　镁及其合金

镁及镁合金试样的制样一般与铝合金试样的制样方法类似，亦可按上述方法循序进行操作。

（1）试样磨光：试样截切后用锉刀锉平，或用粗砂纸磨平。粗磨砂纸为 No. 180 及 No. 320 号。经粗磨后的试样已很平整，再逐次用 No. 600、No. 800、No. 1000 号砂纸进行细磨。镁与铝相似，容易产生变形层和模糊层，在较小变形时会形成孪晶。因此，在磨光时用力应轻、时间应短，由于镁的燃点较低，镁的粉尘宜自燃，在手工磨光时，应及时清理镁的粉尘，以免着火引起实验室火灾。

（2）试样抛光。

1）机械抛光。抛光时仍需加以石蜡润滑剂。如果用机械抛光加以代替细磨，转盘速度为 800~1200 r/min。粗抛光用氧化铝微粉悬浮液，以短绒毛织物做抛光织物，转盘速度为 500~600 r/min。细抛光用分选氧化铝抛光粉，最好用金刚石抛光膏（1~5 μm）抛光，以细绒作为抛光织物，转盘速度为 100~400 r/min。在粗抛及细抛时，为了避免磨粒黏附在试样表面，必须在抛光盘上滴入足够蒸馏水，作为润滑液体。

2）化学抛光。镁合金在细磨后可直接进行化学抛光，不仅可以改善试样抛光质量，并且可缩短抛光时间。常用化学抛光剂：20 mL 甘油（98%）+2 mL 盐酸（36%~38%）+3 mL 硝酸（65%~68%）+5 mL 乙酸（99%）。操作方法：用脱脂棉蘸以化学抛光液进行擦拭，以试样抛光表面失去光泽变浅暗色即可，擦拭后迅速用酒精清洗干净。

3）电解抛光。镁及镁合金的常用电解抛光液成分：375 mL（磷酸）+625 mL（无水乙醇），试验条件直流电 1~3 V，室温，抛光时间 10 min。镁及镁合金的组织随着电解抛光的进行逐渐显示。

2.6.3　铜及其合金

（1）磨光。纯铜试样及质软的铜合金试样，制备较难。试样用手锯截取，用细锉刀锉平，得到平整的磨面，然后用 No. 800、No. 1000 或 No. 1200 号砂纸磨光，磨光操作时用力应轻。

（2）抛光。抛光时抛光机转盘速度为 250~800 r/min，视试样材料及抛光织物的绒毛长短而异，抛光剂选用 Al_2O_3 和水的悬浮液，试样抛光以后应立即浸入酒精中，并立即取出吹干，进行浸蚀。此外，也可选用化学抛光、电解抛光、综合抛光（机械抛光+化学抛光）等方法，这里主要介绍电解抛光。

适用于铜及铜合金的电解抛光液成分：250 mL（正磷酸）+250 mL（甲醇）+50 mL（丙醇）+500 mL（蒸馏水）+3 g（尿素）。操作工艺：电压 2~3 V，时间 15 min。也可以参考 YS/T 449—2002 铜及铜合金铸造和加工制品显微组织检验方法中的介绍。

硬度较高的铜合金，像（α+β）黄铜、高锡青铜等，磨面制备比较方便，不必按上述方法进行，可以用类似于钢铁磨面的操作规程进行。

2.6.4 铅及其合金

铅及铅合金试样磨面的制备极为困难，因为它的硬度太低，易发生表层流变，导致表层金属变形，故一般极难在浸蚀后显示真实的组织。虽然在抛光过程中变形层的产生是无法避免的，但可以采用化学浸蚀-抛光法来消除变形层，而对于含有其他合金元素的铅合金，如果有硬的组成相出现，将导致不均匀的浸蚀，无法获得良好的结果。

铅及铅合金磨面的制备方法依研究者经验有不同，以下是较完善的方法。

（1）磨光。先用手锯截取试样，后用锉刀锉平，得到平整的磨面，然后由手工进行磨光。

铅及铅合金试样的磨光最好采用湿磨法，即在磨光过程中始终有流动的水冲。由于铅及铅合金很软，在磨光过程中用力要轻。因此，最简单的方法是将玻璃板置于一浅水槽中，在细流水下进行，或在专用的湿磨设备上用手工磨光更好。

铅及铅合金试样湿磨法的优点：

1）流动的水能够及时将铅屑和磨粒冲走，能保持良好的切削作用。同时，避免脱落的铅屑和磨粒被嵌入铅试样，表面形成假象；

2）能起到良好的冷却作用；

3）流动的水将有毒的铅粉带走不会扬起，有利于操作人员的健康。

磨光用 No.600 和 No.800，磨光时必须采用新的砂纸，消耗较大，每次每号砂纸的消耗量约为试样面积的 30 倍。磨光时在砂纸上滴入石蜡润滑剂，将磨面轻压在砂纸上慢慢地进行磨光，直至前道磨痕完全消除为止。每号砂纸约需磨光 3~5 min。磨面磨光以后用汽油洗净吹干，便可进行浸蚀。一般经 No.800 砂纸磨光浸蚀后，已能显示组织。如果使用 No.1000 砂纸磨光，效果会更好。

（2）抛光。一般无需抛光，如果要抛光，抛光时用分级氧化铝肥皂水悬浮液作为抛光磨料。

未经浸蚀及已浸蚀铅试样易被空气氧化而染黑，如果需要保存可以浸在丙酮中，能保持数日不变。

2.6.5 锡及其合金

锡的机械性质与铅极近，而且易变形、再结晶温度较低。故锡及锡合金试样同样可按铅试样制备方法进行磨光、抛光操作，但应注意温度和变形的影响。

（1）磨光。锡磨光时用 No.800 和 No.1000 号砂纸进行湿磨，更换砂纸前，需以汽油洗净。经最后磨光的试样，在 10%~20% 盐酸溶液中浸蚀，以除去在磨光时表层所产生的变形层。

（2）抛光。磨面抛光分粗抛、精抛两步。粗抛光用氧化铝粉，在帆布抛光盘上进行，以肥皂水作为润滑液体。粗抛光后试样经过浸蚀，再进行精抛光，精抛光采用分选氧化铝肥皂水悬浮液，在丝绒织物上进行抛光。为了消除抛光表层的变形，同样需要经过多次抛光、浸蚀交替操作。

2.6.6 锌及其合金

（1）磨光。锌的硬度较低。多晶锌试样在外力作用下很容易产生形变孪晶，而且由于锌的再结晶温度低于室温，一旦表层产生足够量的塑性形变，就可能在试样表层发生再结晶过程，这将显著混淆分析结果。为此，纯锌试样的截取一般采用手锯，再用金相砂纸粗磨，粗磨磨去的总厚度应大于 1.5 mm，这样才能去除截取时表层的变形金属，粗磨也可以用锉刀代替。磨光用湿磨法进行，磨至 No.1000 号砂纸，磨光时避免压力过大，砂纸上可涂一层薄石蜡。每次细磨除将上次留下磨痕消除以外，需要更多地磨去一层，以保证变形层的去除，每次磨削厚度约为磨痕深度的 20 倍。纯锌试样必须遵循上述方法，尤其对粗大晶粒组织更为重要。

（2）抛光。抛光时转盘速度为 200~400 r/min，磨料用分级的氧化铝或氧化镁，为了消除抛光时表层的变形，在各次抛光操作之间也需要浸蚀，浸蚀剂用柏氏（palmerton）试剂，成分为：$200 g(Cr_2O_3)+15 g(Na_2SO_4)+1000 mL(H_2O)$，可按下述次序进行 4 次抛光，前两次抛光在帆布上进行，第一次将试样浸蚀 3~4 min 后抛光，第二次将试样浸蚀 1~1.5 min 后抛光。后两次在绒布上进行，第三次将试样浸蚀 30 s 后抛光，第四次将试样浸蚀 10 s 后抛光，抛光后的试样浸蚀 3 s 后即可观察。

2.6.7 钛及其合金

纯钛质软并具有良好的延展性，钛合金因合金元素的加入而变硬，且塑性降低，取样时容易引起孪晶，磨光、抛光时容易引起金属流动，因而，在截取试样时进刀要缓慢，还应有充分冷却，避免因过热而引起亚稳定 β 相的分解。

（1）磨光。磨光可采用 No.400、No.600、No.800、No.1000 号砂纸，先用 No.400、No.600 号水砂纸进行湿磨，然后用 No.800、No.1000 号金相砂纸进行干磨，磨制时用力要轻，磨光后必须用水洗干净，以免磨面上残存游离金属和磨料微粒在后续的抛光过程中划伤表面。

（2）抛光。抛光最好采用机械-化学抛光和电解抛光，由于纯钛容易形成变形层，表面有变形孪晶，从而影响正常组织的显示，导致错误的结论。

1）机械-化学抛光。抛光时在低速（250 r/min）抛光盘上进行，在不可调速的抛光机上抛光时，应靠近抛光盘的中心位置进行抛光，抛光织物采用短绒布，抛光磨料选用 3~1 μm 的微粉。为了消除金属流动，可交替的采用抛光-浸蚀-抛光的办法。

2）电解抛光。电解抛光液的配方按照 GB 5168—1985 推荐如下：

 A 溶液及工艺

  甲醇   630 mL

  乙醇   50 mL

  乙二醇丁醚 260 mL

  乙酸   2 mL

  高氯酸钾   60 mL

  抛光条件   电压 25~40 V，抛光 10~30 s

 B 溶液及工艺

  乙醇   700 mL

乙二醇丁醚	100 mL
高氯酸	78 mL
蒸馏水	120 mL
抛光条件	电压 40 V，抛光约 5 s

C　溶液及工艺

冰醋酸	950 mL
高氯酸钾	50 mL
抛光条件	电压 55~460 V，抛光 20~40 s

2.6.8　灰口铸铁、可锻铸铁及球墨铸铁

一般认为，铸铁试样中的石墨由于与基体之间的结合力较弱，在磨光、抛光时极易剥落，并形成曳尾现象。不过，也有研究者认为，没有必要过于担心石墨的脱落。当然，在磨光与抛光过程中需要注意的一些细节也是必要的。

（1）磨光。铸铁试样磨光采用手工磨制较好，对于平整好试样 No.400、No.600、No.800、No.1000 号砂纸磨光，磨制时可以在砂纸上涂一薄层石墨或肥皂作为润滑剂。

（2）抛光。石墨的剥落在抛光时尤为严重，如果用长毛绒织物作为抛光布，更容易使石墨剥落。故在抛光时必需选用绒毛较短的织物，抛光微粒应选用氧化镁粉（MgO）、三氧化铝（Al_2O_3）或三氧化铬（Cr_2O_3），微粉粒度要细（3~1 μm），尤其是 MgO 对于石墨的剥落程度最轻，而且抛光后试样表面亮度较好，纹痕较少。在抛光时必须保持抛光盘适度的湿度，水分过多、过少都会带来不良的后果。

铸铁抛光时用力要适中，用力过大会使抛光面产生大的压力，石墨被抛光粉挤掉而脱落。抛光盘转速不能过快，转速控制为 300~400 r/min，对于不能调速的抛光机在抛光盘中心处抛光，并且抛光时间不宜长，一般以 3~5 min 为宜。

球墨铸铁抛光时，宜选用润滑性良好的煤油作润滑剂，不但能得到光亮无痕的金相磨面，而且还能清晰、真实的显示出石墨球的光学性能。

必须着重指出，石墨形状与大小的显示，在很大程度上取决于抛光技术，不当的抛光会严重的歪曲分析结果。

钢中非金属夹杂物与石墨相类似，故夹杂检验金相试样的制备亦可按上法进行；一般，夹杂试样经粗、精二次抛光。第一次粗抛光与上述相同，用短毛绒织物作为抛光布；第二次精抛光选用中等绒毛长度的呢绒织物，最好选用氧化镁作为抛光磨料，因为氧化镁对夹杂的曳尾现象并不严重。在抛光时，试样以反抛光盘旋转方向转动，可以防止曳尾的产生。此外与抛光布的湿度也有关系，必须保持适度的水分。

2.6.9　不锈钢

不锈钢按照金相组织划分，可分为奥氏体型、铁素体型、奥氏体-铁素体型、马氏体型和沉淀硬化型五类。

（1）磨光。除了马氏体不锈钢外，其他不锈钢的硬度都较低，用常规方法磨制时，由于表面塑性变形容易产生变形层，使组织模糊不清，有时在磨光过程中还可能引发马氏体相变，出现假象。尤其是奥氏体不锈钢，韧性较高和易加工硬化，试样制备的难度较大。

因此，试样制备应以不引起组织变化为前提，磨制试样应仔细，从粗磨到细磨，每一道磨光尽量轻，并尽量减少磨制时间。

（2）抛光。机械抛光时，应采用长毛绒织物和磨削能力大的金刚石研磨膏，抛光时间不宜过长，施加压力不宜过大。抛光也可采用反复浸蚀、抛光方法。不锈钢理想的抛光方法是电解抛光，不仅可得到高质量的试样，而且可以避免产生假象组织。常用的电解抛光如下：

1）60%的高氯酸 200 mL+酒精 800 mL，电压 35~80 V，时间 15~60 s；

2）铬酸 600 mL+水 830 mL，电压 1.5~9 V，时间 1~5 min。

2.6.10 硬质合金

碳化钨、碳化钛等硬质合金试样，因其硬度过高以及组成相的软硬差异较大，制样方法与一般钢铁和有色金属制样有较大差别。因此，无法用一般方法制备金相磨面，具有自己的要求。

（1）磨光。取样：硬质合金试样由于硬度特别高，其截取方法应用金刚石片的切割机或采用线切割方法。

磨光：由于碳化钨、碳化钛的硬度高出于氧化铝、碳化硅等抛光磨料的硬度，显然这些磨料对于硬质合金试样不会产生磨削作用。能够磨削的磨粒只有碳化硼与金刚石粉两种，最好选用金刚石粉。试样先用绿色碳化硅砂轮磨平，然后用碳化硼磨粒在铜抛光盘或铸铁抛光盘上磨光，碳化硼粒度为 5~15 μm。在磨光过程中碳化硼磨粒逐渐被压成碎片，当磨光进行到最后阶段，试样磨面呈均匀灰色时，即可结束磨光。最终，磨面上仅留下较细的磨痕，这些磨痕将被最后抛光工序消除。

（2）抛光。抛光磨料选用 1.5~2.0 μm 金刚石粉，转盘速度为 150 r/min，抛光织物可选用短毛绒或优质平绒织物，也可以优质描图纸来代替抛光织物。抛光时将试样轻压在盘上，并随时滴入润滑油（一般用矿物油）。粗抛光用 2.5 μm 金刚石粉，精抛光用 0.5~2 μm 金刚石粉。抛光用金刚石喷雾抛光剂效果会更好。

综上所述，要制备出一个合格的金相试样，首先要了解所制备样品的化学成分、制备工艺、组织特点以及力学性能等属性，尤其是硬度的高低、是否容易产生变形层等，在掌握一定的制备技能的基础上，还可根据经验和感觉制备合格的金相试样。

随着科学技术的不断进步，新的抛光设备和抛光磨料的出现，使制样技术不断趋于便捷和完善。

实　验

一、实验目的

1. 了解金相试样的制备原理。
2. 掌握金相试样的制备方法。

二、实验设备及材料

1. 切割机、砂轮机、预磨机、抛光机、吹风机、金相显微镜等。

2. 金相水砂纸（金相砂纸）、玻璃板、腐蚀剂、抛光液、镊子、脱脂棉等。

三、实验内容及步骤

1. 每人制备普通碳钢退火态（20 号钢、45 号钢、T12 钢）1 个、铸铁（灰口铁或球铁）1 个、有色金属（铜及铜合金或铝及铝合金）1 个和随机给定的钢的普通热处理试样1 个。

2. 用砂轮机打磨碳钢、铸铁和经热处理的试样，获得平整的表面和倒角。

3. 用手锯将有色金属试样锯成制样要求的尺寸。

4. 用机械磨光和机械抛光法对经过热处理后的钢试样进行磨制。

5. 用手工磨制法对碳钢退火、铸铁和有色金属试样从粗到细磨光。

6. 采用机械抛光方法对碳钢退火和铸铁进行抛光。

7. 采用电解抛光方法对有色金属试样进行抛光。

8. 实验完毕后清理仪器设备，打扫实验室卫生。

四、实验报告要求

1. 写出实验目的及实验设备。

2. 简述本次实验金相试样的制备过程。

3. 观察金相试样制备过程中所出现的问题，了解消除假象的方法。

4. 分析试样制备过程中出现的问题，总结如何制备出高质量的试样。

5. 本次实验的体会与建议。

思政之窗：引入"失之毫厘，谬以千里"至理名言，诠释金相试样制备不仅是一个非常细致的技能操作，也体现了它在金相分析的重要性。

德育目标：弘扬工匠精神，打造匠心品质。

思 考 题

1. 金相试样的制备主要有哪几个步骤？
2. 金相试样截取方法通常有哪几种，选用不同截取方法的原则是什么？
3. 切取试样时应注意哪些事项？
4. 金相试样在什么情况下需要镶嵌，常用的镶嵌方法有几种，各有什么特点？
5. 常用的砂纸有几种，各有什么特点，如何选用？
6. 什么是磨光？粗磨时应注意什么？
7. 手工磨光与机械磨光有什么区别？
8. 金相试样磨光的机制是什么，并说明损伤层对显微组织的影响。
9. 手工磨光的要点是什么，机械磨光的优点有哪些？
10. 机械磨光时应注意哪些事项？
11. 金相试样有几种抛光方法，各有什么特点？
12. 机械抛光时要注意什么？
13. 何谓电解抛光？简述电解抛光的原理。

14. 如何选择电解抛光的规范？

15. 对电解液的要求是什么，它主要包含哪几大部分，作用是什么，举几种常用物质。

16. 电解抛光方法的优缺点是什么？

17. 简述振动抛光的原理及其应用范围。

18. 需观察渗层组织、脱碳层、夹杂物的试样制备应注意什么？

参 考 文 献

[1] Bruce L Bramfitt, Arlan O Benscoter. Metallographer's Guide：Practices and Procedures for Iron and Steels [M]. USA（ASM International Materials Park，OH）：2002.

[2] 屠世润，高越，等. 金相原理与实践 [M]. 北京：机械工业出版社，1990.

[3] 任颂赞，叶俭，陈德华. 金相分析原理及技术 [M]. 上海：上海科学技术文献出版社，2013.

[4] 姚鸿年. 金相研究方法 [M]. 北京：中国工业出版社，1963.

[5] Leonard E, Samuels. Metallographic Polishing by Mechanical Methods [M]. USA（ASM International Materials Park，OH），2003.

[6] 韩德伟，张建新. 金相试样制备与显示技术 [M]. 长沙：中南大学出版社，2005.

3　金相显微组织的显示

扫码获得
数字资源

为了解材料的成分、组织和性能之间的关系，真实准确地表述材料的显微组织是很重要的。金相试样抛光后，获得光滑镜面，在金相显微镜下只能观察到白亮的基体（因光学金相显微镜是利用磨面的反射光成像的）。虽然有些金相试样经抛光后，如钢中非金属夹杂物、铸铁中的石墨、显微裂纹、表面镀层以及复合材料中的陶瓷增强物等组织组成物本身色就有独特的反射能力，在金相显微镜下可以利用抛光磨面直接观察并进行金相研究。而大多数组成相对光线均有强烈的反射能力，在金相显微镜下组织无法观察到。因此，要鉴别金相组织，首先应使试样磨面上各相或其边界的反射光强度或色彩有所区别。这就需要利用物理和化学的方法对抛光磨面进行专门的处理，将试样中各组成相及其边界具有不同的物理、化学性质转换为磨面反射光强度和色彩的区别，使试样各组织之间呈现良好的衬度，这就是金相组织的显示。

按金相组织显示的本质可以分为化学方法与物理方法两类。化学方法主要是浸蚀方法：包括化学浸蚀、电化学浸蚀及电解浸蚀等，这些都是利用化学试剂的溶液借化学或电化学作用显示金属的组织。物理方法是借金属本身的力学性能、电性能或磁性能显示出显微组织，包含光学法、干涉层法以及高温浮凸法等。有些试样还需要两者的结合才能更好地显示组织，如借助金相显微镜上某些特殊的装置（如暗场、偏光、干涉、相衬以及微差干涉衬度等光学方法），以及一定的照明方式来获得更多更准确的显微组织信息。

3.1　化学浸蚀法

化学浸蚀法是将抛光好的试样磨面浸入化学试剂中或用化学试剂擦拭试样磨面，使之显示显微组织的一种方法[1-4]。这里浸蚀剂对试样的作用，可以是简单的化学溶解，也可能是电化学作用，这完全取决于合金中组成相的多少以及组成相的性质。这种方法是应用最早和最广泛的常规显示方法。

3.1.1　化学浸蚀原理

化学浸蚀实际上是一个电化学反应的过程。金属与合金中的晶粒与晶粒之间、晶内与晶界以及各相之间的物理化学性质不同，且具有不同的自由能，当受到浸蚀时，会发生电化学反应，此时浸蚀剂可称为电解质溶液。由于各相在电解质溶液中具有不同的电极电位，形成许多微电池，较低电位部分是微电池的阳极，溶解较快，溶解处呈现凹陷和沟槽。而不同位向的晶粒和不同的组织也被腐蚀成为高低不平的凸凹和不同的色泽[1-3]。

3.1.1.1　纯金属及单相固溶体合金的浸蚀

单相合金或纯金属的浸蚀是一个单纯的化学溶解过程。浸蚀剂首先把磨面表层很薄的变形层溶解掉，接着就对晶界起化学溶解作用，这是因为在晶界处原子排列不规则，其自由能也较高，晶粒与晶粒之间的结合力相对松弛，所以晶界处较容易浸蚀而呈凹沟见图3-1a。在显微镜垂直照明下，光线在晶界凹沟处被散射，不能全部进入物镜，因而显示出黑色晶界见图3-1b。例如：工业纯铁退火态经4%硝酸酒精浸蚀后的组织见图3-2，铁素体晶界明显可见。若继续浸蚀则会对晶粒产生溶解作用，金属原子的溶解大都是沿原子密排面进行的，又由于磨面上每个晶粒原子排列的位相不同，其溶解的速度也不同，也就是浸蚀后每个晶粒的表面与原磨面各倾斜了一定角度。在垂直照明下，各晶粒的反光方向不一致，就显示出亮度不同的晶粒。在晶粒平面处的光线则直接反射后进入物镜，呈现白亮色，晶粒平面倾斜一定角度的晶粒处光线则发生慢散射，从而显示出晶粒呈现暗色。这种"深"浸蚀对显示某些合金的组织十分有必要。如黄铜在浸蚀较浅时，很难区分黄铜的晶粒和晶内退火孪晶形貌，只有延长浸蚀时间获得"深"浸蚀后，才能在显微镜下分辨出晶粒及退火孪晶，见图3-3。

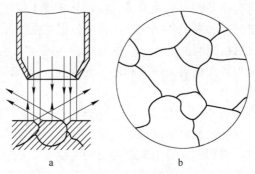

图3-1   浸蚀显示原理

a—晶界处光线的散射；b—直射光反映为亮色晶粒

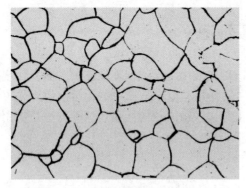

图3-2   工业纯铁退火组织（100×）

图3-3   黄铜退火组织（100×）

3.1.1.2   两相合金的浸蚀

两相合金的浸蚀主要是电化学的溶解过程。由于合金中的两个组成相具有不同的电位，在相同的浸蚀条件下，具有较高正电位的相成为阴极，在正常的电化学作用下不被溶解而成光滑平面，而另一相则很快被溶解，形成凹坑，这就可把两相组织区分开来。如层片状珠光体是由铁素体+渗碳体两相组成，从力学性能来看，铁素体软渗碳体硬。它们的电位值也不相同，较硬的渗碳体具有较高的正电位，浸蚀后不易溶解，呈凸起。而铁素体电极电位较低，容易溶解，形成凹坑，如图3-4所示。珠光体经4%硝酸酒精溶液浸蚀后的微观组织形态见图 3-5，图中可知，在显微镜下放大 1000× 后能够看到渗碳体四周有一圈黑线围着，从而显示出两相的存在。凸起的细条为渗碳体，凹下去的是铁素体，二者的颜色相同，均为白色。对于珠光体组织来说，这样的浸蚀程度被认为是最合适的。这里要强调的是在浸蚀操作过程中还要考虑组织的放大倍数，以珠光体组织为例，如果要进行高倍观察时，浸蚀要浅一些，这是由于高倍物镜的焦距短（成像的景深小），浸蚀过深，使珠光体中铁素体片层的凹洼过大，使映像变虚并呈灰黑色。而做低倍观察时，可浸蚀深一些，使得珠光体团的位相关系显得更为分明，见图 3-6。

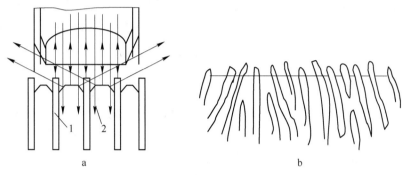

图 3-4　两相组织浸蚀原理示意图

a—两相处的光线散射与反射；b—层片状珠光体组织

1—渗碳体；2—铁素体

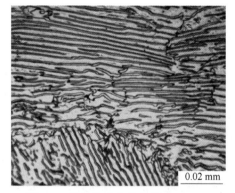

图 3-5　层片状珠光体组织（1000×）

图 3-6　层片状珠光体组织（500×）

3.1.1.3　多相合金的浸蚀

多相合金的浸蚀也是电化学溶解过程，其浸蚀原理和两相合金相同，但多相合金化学元素多，相复杂，一种腐蚀剂往往不能收效，仅能作选择性的腐蚀，有的相还不能被浸蚀，所以应采用多种腐蚀剂共同腐蚀，逐步显示组织，这里不再详述。

3.1.2　化学浸蚀剂

浸蚀剂是为显示金相组织用的特定的化学试剂，由于金属材料的种类很多，化学浸蚀剂有各种化学试剂，但归结起来有这几类：酸类、碱类、盐类，其溶剂有水、酒精、甘油等。

使用化学药品时要特别小心谨慎。几乎所有的化学药品以及某些金属，即使浓度很小，也往往会对人体有害。这类有害物质可内由呼吸和消化器官，外由皮肤和眼睛侵入体内。因此，在配制化学浸蚀剂时首先要了解所用化学试剂的特性和注意事项，尤其是应注意危险、有毒试剂的使用要求[1,5]（详见附录1）。特别注意以下事项：

（1）所有危险物品，都要在阴凉、防火以及避光处存放，必须保持储藏器皿标志清楚。

（2）配制浸蚀剂时，应将腐蚀性的化学品放入稀释剂（水、乙醇、甘油等）（例如：先加水，后加酸！）。

（3）可燃和爆炸性物品（苯、丙酮、乙醚、高氯酸盐、硝酸盐等）不得加热或靠近明火。

（4）处理腐蚀性物质时（酸、碱、过氧化氢、各类盐液和熔盐），要戴上护目镜、橡皮手套，穿工作服，以保护眼睛和皮肤。这些物品的蒸气也往往有毒，因此，工作时尽可能打开通风装置（通气间）。产生有毒气体和蒸气时，必须要在排气橱内工作，必要时戴上防毒面具！

（5）按照相关规定进行废弃浸蚀剂的处理，不许倒掉浓度大的化学药品，注意废水环保规定！

（6）用高氯酸配制的所有溶液都有易燃和爆炸的危险。必须缓慢地在不断搅拌的情况下，将高氯酸加入溶液中。混合过程和使用期间，温度不得超过 35 ℃，因此需要在冷却槽中工作。尽可能在保护罩后面工作并戴上护目镜。

（7）由乙醇和盐酸组成的混合物可能发生不同反应（醛、脂肪酸、爆炸性氮化物等）。易爆炸性随分子大小增加而增大。盐酸在乙醇中的含量不得超过 5%，在甲醇中不得超过 35%，不要保存混合物。

（8）乙醇和磷酸的混合物可能发生酯化。其中有一些磷酸酯对神经产生剧毒，并能通过皮肤吸收或呼吸进入体内，从而导致严重危害。

（9）由甲醇和硫酸组成的混合物中可能形成硫酸二甲酯，无味、无嗅但极有毒。由皮肤吸收或吸入（也能通过防毒面具）的硫酸二甲酯也能达到致命的剂量。但高级醇的硫酸盐，并非危险性毒物。

（10）由氧化铬（CrO_3）和有机物组成的混合物有爆炸性。混合要小心，不要保存！

（11）铅和铅盐非常有毒。中铅毒所造成的损失并不随时间的推移而减退，反而积累。用镉、铊、镍、汞和其他重金属及其化合物时也应小心。

（12）所有氰化物（CN）都非常危险，因为容易形成氢氰酸（HCN），这是一种作用很快，浓度很小就能致命的毒剂。

（13）氢氟酸不仅对皮肤和呼吸有毒，而且对玻璃也是一种浸蚀剂。故使用氢氟酸时，总有损伤物镜前透镜的危险。用含氢氟酸的溶液浸蚀后以及显微镜照相前，试样要彻底冲洗（至少 15 min！）并需干燥。

（14）苦味酸酐有爆炸性。

一般说来，化学浸蚀剂的成分并不是十分严格的，然而化学试剂混合的顺序，化学试剂的纯度，或由于长期的存放产生的变化，对浸蚀剂的浸蚀效果会产生很大影响。

3.1.2.1 钢铁材料常用的浸蚀剂、配制方法及使用

钢铁材料常用的化学浸蚀中酸用得最多，如硝酸酒精溶液、苦味酸酒精溶液，可浸蚀普通碳钢及合金钢。浸蚀主要通过氧化作用，使试样中不同的组织受到不同程度的氧化溶解后反映出衬度，从而达到显示微观组织的目的。在这两类浸蚀剂中，在浸蚀铁素体和渗碳体两相组织时，其浸蚀的效果是不同的。硝酸酒精溶液能显示铁素体晶界，但不能显示金相组织细节部分，而且不太均匀，不能显示碳化物。苦味酸酒精溶液不仅显示组织均匀，而且能很好显示和区分金相组织中相的细微部分，如马氏体和碳化物，但腐蚀速度较慢。因此，介于各种材料的化学性质不同，则需要选择不同成分的浸蚀剂，还应注意浸蚀剂的浓度、温度和浸蚀时间等，才能获得理想的浸蚀效果。

例如：硝酸酒精溶液的成分为硝酸1~4 mL、酒精100 mL。适用范围一般用于低碳钢和低合金钢各种状态下的组织显示。浸蚀剂中随硝酸含量增加浸蚀作用加剧，浸蚀时间自几秒至一分钟。若用蒸馏水代替部分酒精则能延缓浸蚀作用。当硝酸含量增加至25%~30%时，可清晰地显示出淬火高速钢的晶界和各种类型的碳化物。

钢铁材料常用的化学浸蚀剂的成分、适用范围及使用要点见表3-1[1-6]。

表3-1 显示钢铁材料显微组织常用化学浸蚀剂

序号	浸蚀剂名称	成　分	适用范围及使用要点
1	硝酸酒精溶液	硝酸　2~4 mL 酒精　96~98 mL	各种碳钢、铸铁等； 浸蚀速度随溶液浓度增加而加快
2	硝酸酒精溶液	硝酸　25~30 mL 酒精　70~75 mL	显示出淬火高速钢的晶界和各种类型的碳化物
3	苦味酸酒精溶液	苦味酸　4 g 酒精　100 mL	显示珠光体、马氏体、贝氏体； 显示淬火钢中的碳化物； 利用浸蚀后的色彩差别，识别铁素体、马氏体、大块碳化物，尤其是显示碳钢晶界上的二次及三次渗碳体
4	苦味酸水溶液	苦味酸3 g 洗净剂3 mL 水 97 mL 加热到60~70 ℃浸蚀2 min，水洗，酒精干燥	用以显示 12CrNi3、18CrNiW、20CrMnTi、20Cr2Ni4、45CrNi、38CrMoAl 等钢的实际晶粒度
5	苦味酸水溶液	苦味酸　5 g 十二烷基苯磺酸钠　4 g 双氧水　少量 水　100 mL 先将苦味酸及十二烷基苯磺酸钠放入水中，加热搅拌至溶解。加入微量（约1 g）的钢片，溶液煮沸1 min停止加热。然后边搅拌边加入双氧水5滴，试剂的使用温度为80~100 ℃	用以显示淬火钢的实际晶粒度

序号	浸蚀剂名称	成　分	适用范围及使用要点
6	盐酸-苦味酸水溶液	盐酸　5 mL 苦味酸　1 g 水　100 mL	显示淬火或淬火回火后钢的奥氏体晶粒或马氏体； 除铁素体晶粒晶界外，一切组织均能显示，渗碳体最易浸蚀、奥氏体次之、铁素体最慢
7	氯化铁、盐酸水溶液	氯化铁　5 g 盐酸　50 mL 水　100 mL	奥氏体-铁素体不锈钢； 奥氏体不锈钢
8	混合酸甘油溶液	硝酸　10 mL 盐酸　20 mL 甘油　30 mL	奥氏体不锈钢以及奥氏体合金； 高 Cr、Ni 耐热钢
9	王水酒精溶液	盐酸　10 mL 硝酸　30 mL 酒精　100 mL	18-8 型奥氏体钢的 δ 相
10	三合一浸蚀液	盐酸　10 mL 硝酸　30 mL 甲醇　100 mL	高速钢淬火回火后的晶粒大小
11	硫酸铜盐酸溶液	盐酸　100 mL 硫酸　5 mL 硫酸铜　5 g	高温合金
12	氯化铁溶液	氯化铁　30 g 氯化铜　1 g 氯化锡　0.5 g 盐酸　50 g	铸铁磷的偏析与枝晶组织
13	浓酸的混合酸溶液	1. 盐酸（3 份），硝酸（1 份） 2. 盐酸（2 份），硝酸（1 份），甘油（3 份） 3. 盐酸（2 份），硝酸（1 份），甘油（2 份），双氧水（1 份） 4. 硝酸（1 份），氢氟酸（2 份），甘油（2~3 份）	配置好的混合酸溶液最好放置几昼夜后使用； 试剂适用于各种高合金钢、奥氏体合金钢以及各种不锈钢的组织； 能清晰地显示各种高硅钢的组织
14	氯化铜、氯化镁、盐酸溶液	氯化铜　1 g 氯化镁　4 g 盐酸　2 mL 酒精　100 mL	灰铸铁共晶团； 淬火钢中，使铁素体变黑、珠光体发亮、使富磷区比铁素体更亮；使马氏体显露出来，使索氏体和铁素体变黑
15	硫酸铜-盐酸溶液	硫酸铜　4 g 盐酸　20 mL 水　20 mL	灰铸铁共晶团

序号	浸蚀剂名称	成　分	适用范围及使用要点
16	硫酸铜-盐酸溶液	盐酸　50 mL 硫酸铜　5 g 水　50 mL	高温合金
17	盐酸-硫酸-酸硫铜溶液	盐酸　100 mL 硫酸　5 mL 硫酸铜　5 g	高温合金
18	复合试剂	硝酸　30 mL 盐酸　15 mL 重铬酸钾　5 g 酒精　30 mL 苦味酸　1 g 三氯化铁　3 g	高合金钢
19	三钾试剂	铁氰化钾　10 g 亚铁氰化钾　1 g 氢氧化钾　30 g 水　100 mL	主要显示硼化物相，使 FeB 成为深棕色，Fe_2B 为淡黄褐色

3.1.2.2　有色金属材料常用的浸蚀剂、配制方法及使用

有色金属浸蚀剂的种类很多，应根据不同的合金以及组成相的特点，选用不同的浸蚀剂和采用不同的浸蚀方法，以便取得理想的浸蚀效果。有色合金的成分一般都比较复杂，各种组成相的抗蚀能力各有差异，要想将这些不同成分的组成相都浸蚀到清晰可见是比较困难的，所以在一个试样上，往往需要采用不同成分的浸蚀剂和采用不同的显示方法才能满足要求。如冷变形黄铜退火后的孪晶生成相，则需要用双重浸蚀法，即先用过氧化氢浸蚀，再用氯化铁的盐酸溶液浸蚀，这种生成相才被显示。对于单相黄铜和双相黄铜在高倍下采用过氧化氢和过硫酸铵溶液浸蚀，可以得到更加清晰的金相组织。

在复杂成分的合金中，常遇到各种复杂成分的化合物，有的根据其颜色和形状可以辨认，有的虽在同一试剂的作用下有共同的反应，但在另一种试剂作用下，则反应异常。如显露铝合金的一般显微组织时，大都采用碱和酸的水溶液，用各种酸类、盐类作为试剂。但铝合金中往往有很多化合物相，形态不同的化合物容易区分，对于具有类似形态的化合物，只能在不同的浸蚀条件下，表现的色彩不同来区分。例如 Al_3Fe，在未浸蚀前的颜色呈淡红带紫红色，这种相根据其特点很容易辨认出来。$CuAl_2$ 在铸造合金中往往沿晶界分布，在经过长时间时效处理的合金中，则呈极小的粒状分布，也容易辨认。Mg_2Si 和 AlCuMg 这两种相在未浸蚀的试样上，颜色彼此接近，都呈黑色（Mg_2Si 略带紫色），不易辨认，这就需采用不同的浸蚀剂进行区分，若用 0.5% 氢氟酸+99.5% mL 水的溶液浸蚀，此时 AlCuMg 相微浸蚀，长时间浸蚀后变成浅棕色，而 Mg_2Si 相则变为黑色，很容易辨认出来。

总之，对于有色合金组成相的浸蚀，就其试剂与方法来讲是比较复杂的，显示程度也

各有差异。在生产实践中，经常采用几种溶液的交替法，或用其他的方法来鉴别。

有色金属常用的化学浸蚀剂的成分、适用范围及使用要点见表 3-2[1-6]。

表 3-2　显示有色金属材料显微组织常用化学浸蚀剂

序号	浸蚀剂名称	成　分	适用范围及使用要点
1	氯化铁盐酸溶液	氯化铁　5 g 盐酸　15 mL 水　100 mL	纯铜、黄铜及铜合金； 铅、镁、镍、锌等合金； 复杂合金的晶界
2	高锰酸钾氨水溶液	氨水　2 份 高锰酸钾（0.4%）　3 份	显露铜、黄铜和青铜中的晶界
3	混合酸	硝酸　2.5 mL 氢氟酸　1 mL 盐酸　1.5 mL 水　95 mL	显示铝及铝合金的一般组织； 显示硬铝组织； 适用于 Al-Cu-Si-Mn、Al-Fe-Cu、Al-Cu-Si、Al-Cu-Mg、Al-Cu-Si-Zn 等复杂合金
4	氢氟酸水溶液	氢氟酸　0.1~1 mL 水　99 mL	显示一般铝合金组织、铸造铝合金和退火铝合金，能使 Al_3Ni 和 Al_3Fe 强烈浸蚀并发黑
5	高浓度氢氟酸水溶液	氢氟酸　50 mL 水　50 mL	显示工业高纯铝、工业纯铝及 Al-Mn 系合金的晶粒
6	苛性钠水溶液	苛性钠　1 g 水　100 mL	显示铝与铝合金组织
7	氢氟酸和盐酸水溶液	氢氟酸　10 mL 盐酸　15 mL 水　95 mL	显示变形铝合金、钛合金的晶界
8	硝酸酒精溶液	硝酸　2~4 mL 酒精　98~96 mL	除了显示碳钢、铸铁等外，还可显示纯锡和锡合金
9	盐酸	HCl(1.19 g/mL) （浸入 HCl 数秒，用水冲洗，在空气中干燥）	适用于显示锡、铅、锑、铋和它们的合金的晶界
10	草酸溶液	草酸　2 mL 水　10 mL	显示铸造镁合金及变形镁合金组织（擦拭 3~5 s，用热水或冷水冲洗）
11	酒石酸溶液	酒石酸　2 g 水　100 mL	显示含 Al、Zn、Mn 的镁合金组织
12	柠檬酸溶液	柠檬酸　5~10 mL 水　100 mL	显示形变镁锰合金及镁铜合金组织
13	硝酸溶液	硝酸　8 mL 蒸馏水　100 mL	显示纯镁和大多数镁合金的铸态和变形组织
14	氢氟酸硝酸水溶液	氢氟酸　1~3 mL 硝酸　2~6 mL 水　91~97 mL	著名的"Kroll"浸蚀剂，可用于纯钛、α、α+β、β 合金，显示效果好； 浸蚀 10~20 s

序号	浸蚀剂名称	成 分	适用范围及使用要点
15	氢氟酸硝酸甘油溶液	氢氟酸 20 mL 硝酸 20 mL 甘油 40 mL	显示一般钛及钛合金
16	赤色盐——NaOH溶液	赤色盐 5% 氢氧化钾水溶液 5%	碳化钛（TiC）涂层
17	氧化铬硫酸钠溶液	氧化铬 20 g 硫酸 1.5 g 蒸馏水 100 mL	显示大多数 Zn 合金
18	氢氧化钠水溶液	氢氧化钠 10 g 水 100 mL	显示纯 Zn、Zn-Co 和 Zn-Cu 合金
19	硝酸溶液	硝酸（1.40 g/mL） 1~5 mL 乙醇或甲醇 100 mL	显示铅和铅合金； 硬铅和高铅的合金
20	硝酸冰醋酸溶液	硝酸（1.40 g/mL） 8 mL 冰醋酸 8(16) mL 甘油或乙醇（96%） 84 mL	显示铅、铅-锑、铅-钙合金
21	醋酸酐硝酸溶液	醋酸酐 1 份 硝酸 1 份 甘油 4 份	显示纯铅的晶界（需要新配试剂，并交换地浸蚀及抛光）
22	硝酸溶液	硝酸 2~5 mL 蒸馏水 100 mL	显示纯锡及其合金，含锡、铁、锑、铜的高 Sn 合金
23	硝酸醋酸溶液	硝酸 10 mL 醋酸 30 mL 甘油 50 mL	显示纯锡和 Sn-Pb 合金（在 38~42 ℃，浸蚀 10 min）
24	硝酸醋酸溶液	硝酸 50 mL 醋酸或水 50 mL	显示 Ni、Ni-Cu、Ni-Ti 及超耐热合金的通用浸蚀剂； 新配溶液在通风橱中操作，不能储藏； 浸蚀 5~30 s
25	硫酸铜盐酸溶液	硫酸铜 10 g 盐酸 50 mL 水 50 mL	Marble 试剂。显示 Ni、Ni-Cu、Ni-Fe 及超耐热合金； 浸蚀 5~60 s，加几滴硫酸可增加活性，显示超耐热合金的晶粒组织
26	盐酸乙醇溶液	盐酸（1.40 g/mL） 10 mL 乙醇 90 mL	显示铍及铍合金
27	硫酸溶液	硫酸 5 mL 蒸馏水 95 mL	显示大部分铍合金
28	盐酸水溶液	盐酸（1.19 g/mL） 50 mL 蒸馏水 50 mL	显示锑、铋及其合金

序号	浸蚀剂名称	成　分	适用范围及使用要点
29	氢氟酸水溶液	氢氟酸（40%）　10 mL 过氧化氢（30%）　10 mL 蒸馏水　40 mL	显示镉、铟、铊、铟-锑和铟-砷合金
30	浓硝酸	浓硝酸 可加少量水或盐酸稀释	显示锗、硒、碲、碲化物、硒化物和锆-硅化物

3.1.2.3　难熔金属材料常用的浸蚀剂、配制方法及使用

难熔金属 W、Mo、Ta、Nb、Zr、V、Cr、Hf 及其合金显微组织常用化学浸蚀剂的成分、适用范围及使用要点见表 3-3[1-6]。

表 3-3　显示难熔金属及合金显微组织常用化学浸蚀剂

序号	浸蚀剂名称	成　分	适用范围及使用要点
1	混合酸	硝酸（1.40 g/mL）　20 mL 盐酸（1.19 g/mL）　60 mL	Cr 和 Cr 基合金； 5~60 s，应用新配试剂
2	氢氧化钾溶液 氰亚铁酸钾溶液	A 溶液 　蒸馏水　100 mL 　氢氧化钾　10 g B 溶液 　蒸馏水　100 mL 　氰亚铁酸钾　10 g	Cr、Mo、Mo-Cr 合金，Mo-Fe 合金，W 和 W 基合金，Mo-Re 合金 15 s 左右； 等份的 A 和 B 溶液，应用新配溶液； 对于 Mo 和 W 也可用氢氧化钠和氰亚铁酸钾
3	氢氟酸水溶液	蒸馏水　50(70) mL 氢氟酸（40%）　50 mL （浓度可变）	Ta 和 Ta 合金； 浸蚀 10 s 左右
4	过氧化氢溶液	蒸馏水　100 mL 过氧化氢（30%）　1 mL （浓度可变的）	W 和 W 基合金； 煮沸浸蚀 30~90 s
5	氢氟酸硝酸溶液	甘油　10~20 mL 氢氟酸（40%）　10 mL 硝酸　10 mL	Mo、Ta、Nb、Mo-Ti 合金，Ta-Nb 合金，纯 V 和 V 基合金，Ta 合金晶界显示； 可达 5 min
6	氢氟酸硝酸盐酸溶液	硝酸（1.40 g/mL）　15 mL 氢氟酸（40%）　30 mL 盐酸（1.19 g/mL）　30 mL	锆和铪基合金，锆铌合金； 3~10 s 擦拭浸蚀
7	氢氧化氨	氢氧化氨　60 mL 30%双氧水　15 mL	显示 W； 浸蚀最多 10 min
8	铁氢化钾氢氧化钠溶液	氢氧化钠　10 g 铁氢化钾　30 g 蒸馏水　60 mL	浸蚀 Mo 及 Mo 合金
9	硝酸硫酸溶液	硝酸　5 份 硫酸　3 份 蒸馏水　3 份	浸蚀 Mo 及 Mo 合金

3.1.2.4 贵金属材料常用的浸蚀剂、配制方法及使用

贵金属金、银以及铂系金属（铂、钌、铑、铱、锇）的合金，化学稳定性高，均不易受无机酸的浸蚀，尤其铱不易被所有的酸和碱浸蚀，所以用有机酸浸蚀时，一般用酸量比较大，常用化学浸蚀剂的成分、适用范围及使用要点见表3-4[1-6]。

表 3-4　显示贵金属材料显微组织常用化学浸蚀剂

序号	浸蚀剂名称	成　分	适用范围及使用要点
1	硝酸盐酸溶液	硝酸（1.40 g/mL）　40(1) mL 盐酸（1.19 g/mL）　60(10) mL （浓度可变的）	纯金和钯，金-铂，大于90%贵金属的钯合金；锗合金几秒到1 min需要加热，应用新配制浸蚀剂
2	过氧化氢氯化铁溶液	蒸馏水　100 mL 过氧化氢（30%）　100 mL 氯化铁（Ⅲ）　32 g	金-铜-银合金； 几秒到几分钟
3	盐酸溶液	盐酸（1.19 g/mL）　100 mL 氧化铬（Ⅲ）　1~5 g	纯金和富金合金； 钯和钯合金； 几秒到几分钟
4	硫酸溶液	蒸馏水　100 mL 硫酸（1.84 g/mL）　2~11 mL 氧化铬　2 g	主要用在银合金，特别适用于银-镍合金和银-镁-镍合金； 到1 min
5	重铬酸钾的饱和溶液	硫酸（1.84 g/mL）　10 mL 重铬酸钾的饱和溶液　100 mL 氯化钠的饱和溶液　2 mL	纯银和银合金，银焊剂； 几秒至几分钟用1:9蒸馏水稀释
6	氨水过氧化氢	氨水　50 mL 过氧化氢（3%）　50 mL	纯银，银-镍合金，银钯合金
7	结晶碘溶液	结晶碘　5 g 乙醇　100 mL	使用含金的银合金； 浸入试剂内1~3 min； 表面的斑点通过浸入 NaHSO$_4$ 溶液的办法去除
8	硫化钾饱和水溶液	硫化钾饱和水溶液（K$_2$S）	显露金镍合金； 浸入热的试剂内，并用棉花擦拭1~5 min
9	混合酸溶液	盐酸　2份 硝酸　1份 甘油　3份	显露金、银、铂、钯和它们的合金以及锇基合金； 用浸入法浸蚀，对于铂和金用热的溶液，浸蚀时间1 min
10	氰化钾过硫酸铵溶液	20%氰化钾水溶液　1份 20%过硫酸铵水溶液　1份	显露钯、金、银、铂、铱和复杂合金的组织； 用棉花擦拭30 s~1 min

3.1.2.5 粉末冶金制品材料常用的浸蚀剂、配制方法及使用

显示粉末冶金制品材料显微组织常用化学浸蚀剂的成分、适用范围及使用要点见表3-5[1-6]。

表 3-5　显示粉末冶金制品材料显微组织常用化学浸蚀剂

序号	浸蚀剂名称	成　分	适用范围及使用要点
1	硬质合金浸蚀剂	A　饱和的三氯化铁盐酸溶液 B　新配制 20%氢氧化钾水溶液 + 20%铁氰化钾水溶液	显示硬质合金时，先在 A 试剂中浸蚀 1 min，然后在 B 试剂中浸蚀约 3 min； WC 相（灰白色），TiC-WC 相（黄色），Co（黑色）
2	氢氧化钾 铁氰化钾	新配：10%氢氧化钾水溶液 + 10%铁氰化钾水溶液	显示 WC、TiC 晶粒 硬质合金 n 相（橙黄色）
3	硝酸酒精溶液	硝酸（1.40 g/mL）　2 mL 酒精　100 mL	烧结碳钢和合金钢，显示铁素体、珠光体等
4	苦味酸酒精溶液	苦味酸　4 g 酒精　100 mL	烧结碳钢和热处理组织，显示马氏体、碳化物
5	氢氧化氨溶液	氢氧化氨　20 mL 双氧水　10~20 mL 水　10~20 mL	水多、双氧水少时用于 Cu 触头材料。反之，用于 Ag 触头材料
6	氰亚铁酸盐 氢氧化钾溶液	A　氰亚铁酸盐　10 g 　　蒸馏水　100 mL B　氢氧化钾　10 g 　　蒸馏水　100 mL	显示 ZrO_2-W、ThO_2-W、W_2C-W、UC-Cr、UC-Fe、UC-Ni、UC-UF_2 陶瓷； 使用前：将 A 和 B 溶液以 1∶1 混合，浸蚀 1~4 min
7	硝酸盐酸溶液	硝酸（1.40 g/mL）　47 mL 盐酸（1.1 g/mL）　3 mL 蒸馏水　50 mL	TiC-Ni 陶瓷； 浸蚀数秒至 1 min

　　化学浸蚀剂的应用与金属组织显示的程度，对在显微镜下观察鉴定、研究组织以及组织摄影质量都有密切的关系，所以必须正确恰当选择化学腐蚀剂。

3.1.3　化学浸蚀方法

　　化学浸蚀方法简单易掌握。通常使用的浸蚀剂对于普通金属来说，即使在成分、温度、时间有微小变化时，其结果也常常是可以预测的，并且有再现性。化学浸蚀法有热浸蚀和冷浸蚀两种。

3.1.3.1　化学浸蚀方法

（1）热浸蚀法。热浸蚀法是把选择的浸蚀剂置于烧杯中，加热到预定温度，把试样磨面朝上放入烧杯内，保持预定时间，取出后水冲，再用酒精洗涤后用吹风机吹干即可观察。

（2）冷浸蚀法。冷浸蚀法指在常温下的浸蚀，也是常用的方法。常用的操作方法有两种：第一种是浸入法，试样用夹子（绝不能用手）夹住，把抛光面朝下浸入浸蚀剂中轻轻搅动，以免表面上产生沉淀物，而形成不均匀的浸蚀。搅动时不要碰器皿底以免划伤试样表面。第二种方法是擦拭法，用竹钳或不锈钢钳夹一小团沾有浸蚀液的脱脂棉不断擦拭试样表面，脱脂棉球需要不断补充新鲜试剂，直到得到理想的衬度为止。但擦拭法会使试样表面留下划痕，特别是对较软的材料，除非特殊要求，一般不用擦拭法。擦拭法一般用在有反应产物沉淀或锈蚀等问题的情况下，如钛合金。

3.1.3.2 浸蚀操作注意事项

（1）浸蚀剂的选择。不同的材料可选择不同的浸蚀剂，同一种材料处理状态相同，采用的浸蚀剂不同其浸蚀的效果截然不同，如 T12 钢，退火处理后的组织形态为层片状珠光体+网状二次渗碳体，用 4%硝酸酒精浸蚀，渗碳体呈白色网状，而用碱性苦味酸钠水溶液热蚀，则网状二次渗碳体呈黑色，分别见图 3-7a、b。所以要根据检验的目的和要求，正确选择浸蚀剂。

（2）浸蚀温度的控制。浸蚀一般都在室温下进行，有些浸蚀剂需要在一定温度下进行，如利用苦味酸水溶液浸蚀时，要求将浸蚀剂加热到 60~70 ℃时浸蚀，有时甚至加热到沸腾。图 3-7b 为 T12 钢采用碱性苦味酸钠水溶液热蚀后的效果。

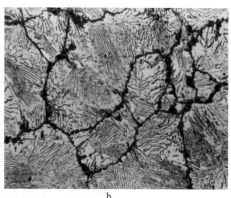

a   b

图 3-7　T12 钢不同浸蚀剂的效果

a—4%硝酸酒精浸蚀（500×）；b—碱性苦味酸钠水溶液热蚀（500×）

（3）浸蚀时间的控制。除了正确选择浸蚀剂和浸蚀温度的控制外，还应严格控制浸蚀时间。浸蚀时间受多方面因素影响，如试样的材质、热处理状态、试剂性质和温度等，主要依效果而定。浸蚀剂的成分不同，浸蚀时间是不同的。按检验的目的和所需的放大倍数的不同，所用的浸蚀时间也不同。一般放大倍数越高，浸蚀应越浅，浸蚀时间要短；放大倍数越小，浸蚀应越深，浸蚀时间要长。如图 3-8a、b 分别为工业纯铁腐蚀合适与腐蚀过度在同一放大倍数下的效果。

（4）浸蚀时氧化现象。对于易氧化的材料（如：碳钢、灰口铸铁、可锻铸铁、球磨铸铁等），浸蚀时一定要注意被浸蚀面不能有水存在，或浸蚀完毕用水冲洗后，要用无水乙醇多冲两遍，以免有残留的水存在，用热风吹干试样时温度不宜过高，这些都会引起氧化现象，图 3-9 为 T12 钢浸蚀时产生的表面严重氧化现象，试样一旦被氧化，不能正确显示组织形貌，氧化物在显微镜下表现出五颜六色，必须重新抛光后再浸蚀。

总之，浸蚀是一种化学反应，浸蚀的好与坏在很大程度上取决于浸蚀剂的正确选择与浸蚀时间的控制。试样在浸蚀过程中应注意观察试样表面情况，一般以试样的抛光面失去光泽呈灰色为宜，时间从几秒到几十秒，高倍观察可浸蚀浅些，低倍观察可浸蚀深些，以在显微镜下能清晰显现组织为准。如果浸蚀不足时，可以重复浸蚀，若浸蚀过深时，必须抛光后再加以适当浸蚀，有时甚至要重新磨光与抛光后再浸蚀，试样一旦浸蚀好后应当立即停止浸蚀，并用水冲洗，再用酒精冲洗，吹干、观察或保存。

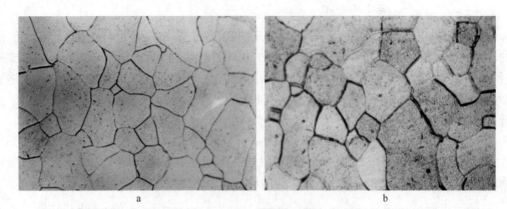

图 3-8　工业纯铁不同腐蚀时间后的效果
a—腐蚀合适（200×）；b—腐蚀过度（200×）

图 3-9　T12 钢表面氧化现象（100×）

　　浸蚀好的试样，应保持清洁，不能用手抚摸，切忌与其他物件碰擦，为了防止磨面生锈，浸蚀好的试样分析观察后，应尽快放入干燥缸内保存。

3.2　电解浸蚀法

3.2.1　电解浸蚀的特点及应用

　　电解浸蚀的原理基于电解抛光理论，电解浸蚀所用的设备与电解抛光相同。只是工作电压和工作电流比电解抛光小。电解浸蚀既可单独进行，也可与电解抛光联合进行，即抛光在前，显示在后。浸蚀原理主要是材料组织中各个相之间、晶粒与晶界之间的电位不同，在微弱电流的作用下各相、晶粒与晶界的浸蚀深浅不一，从而显示出组织衬度及形貌。电解浸蚀时，因外加电源电位比组织差，形成的微电池的电位高很多，化学浸蚀时自发产生的氧化还原作用大大降低。导电不良和不导电的组元，如碳化物、硫化物、氧化物、非金属夹杂物没有明显的溶解，这样会在试样被浸蚀的表面上形成组织浮凸。

　　电解浸蚀主要用于化学稳定性较高的一些合金，即抗腐蚀性能强、难于用化学浸蚀法浸蚀的材料，如不锈钢、耐热钢、镍基合金、经强烈塑性变形后的金属等。用化学浸蚀很难把这些合金的显微组织清晰显示出来，而用电解浸蚀效果较佳，且设备简单。大多数是利用电解抛光设备，在电解抛光后随即降低电压进行电解浸蚀。

3.2.2 电解浸蚀的注意事项

电解浸蚀的注意事项有：

（1）试样应具备良好的抛光面，若用电解抛光，待电解抛光完成后随即降低电压获得所需的电流密度，从而达到在同一电解液中相继完成抛光和浸蚀。

（2）正确选择电解液成分，使电解时生成的阳极过程产物具有以下特征：溶解度不高，比电阻较高，能在试样表面形成过饱和的黏质层，不同相的浸蚀作用有较大差别。

（3）选择适当的工艺条件，这主要指电解浸蚀时的电参数、浸蚀时间、电解温度以及电解液是否搅拌等。

（4）电解浸蚀结束后，应及时清洗试样表面，以防止介质继续浸蚀。

3.3 光 学 法

光学法是把金相试样在反射光中肉眼无法分辨的光学信息，如偏振状态和相位差异转换成可见衬度的方法。换句话说，利用光学手段显示组织衬度的方法就是光学法。"光学法"主要是利用金相显微镜上某些特殊的装置（如暗场、偏光、干涉、相衬以及微差干涉衬度等）实现组织显示，依据试样中各组织组成物的光学性质的区别将光学程差变为衬度差。由于试样无需人为浸蚀或覆膜，从而避免了这些过程中可能引入的假象。因此，在具有相应金相显微镜附件的条件下应优先使用这一方法。

光学法既可以显示未浸蚀试样也可显示浸蚀后试样的组织。

（1）未浸蚀试样的研究。若试样中所研究的组成相与基体对入射光的反射能力有显著差异，就可以直接在明场下观察抛光面，这是最简单的光学法。例如铸铁中的石墨、铸造铝硅合金中的初晶硅和共晶体中的硅，均能在抛光磨面上直接观察到它们的形貌及分布状态。图 3-10 为铸造铝硅合金（α+Si）共晶组织抛光态，α 基体上分布着 Si 针（呈灰色），图 3-11 为抛光态球墨铸铁（石墨球灰色），这是由于非金属元素组成的相，对光线的发射能力明显低于金属所致。金属的氧化物、硫化物及氮化物等，也具有非金属的光学特性，统称为非金属夹杂物，它们不仅反射光强度不同，往往还具有特殊的色彩或有透明与不透明之别，这些都将成为鉴别金属夹杂物的重要依据。另外，显微裂纹和疏松等缺陷也可直接观察。还有一些金属元素的吸光能力较强，不经其他显示手段也可清晰可见，如铅黄铜和铅青铜中铅的分布等。因此，经抛光后的试样首先应该在未浸蚀状态下用显微镜进行研究。

（2）浸蚀试样的研究。利用显微镜上的特殊附件，如暗场、偏光、相衬、干涉、微差干涉衬度等可以显示不经过其他显示处理或仅做轻微浸蚀的试样。为了更好地显示材料的组织细节，将试样进行微浸蚀后再借助于金相显微镜上特殊的装置方式将获得更多更准确的显微组织信息。详见第 4 章中金相显微镜几种常用观察方法的基本原理及应用部分。

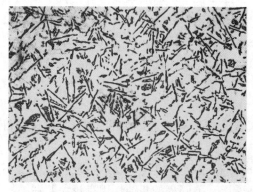

图 3-10 （α+Si）共晶组织（抛光态）（100×）

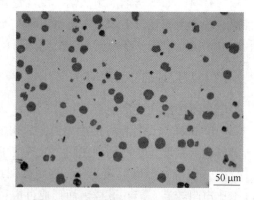

图 3-11 球墨铸铁（抛光态）（100×）

3.4 干涉层法

　　干涉层法是显示组织的另外一条途径，就是在抛光磨面上形成一层透明薄膜，当光在磨面上发生干涉时，试样内各相间光学参数的区别，薄膜厚度的区别等均使各相上的干涉色发生变化，从而显示出试样的组织[1,2,7,8]。

　　成膜方法有化学热染法、阳极化覆膜、恒电位阳极化及阳极沉积、热染、真空镀膜和离子溅射成膜等。成膜后再利用金相显微镜上附带的特殊附件如暗场、偏振光、偏振光加灵敏色镜以及微差干涉衬度（DIC）等装置，组织显示效果更好。

　　化学染色、着色浸蚀和热染显示均是为获得组织显示的彩色效果以明显区别出相、组织的特征。经化学染色、着色浸蚀和热染后，即使在显微镜明场下观察也可获得彩色效果，如：高速钢淬火+回火经化学热染后的组织见图 3-12，磷锡青铜热染后的组织见图 3-13。但对有些金属试样（如：铝、铜、铌、钛等），即使经过阳极氧化处理后，获得表层沉积的氧化膜后，在普通明场下一般无彩色反应，必须用偏光以获得理想的组织图像。图 3-14 为超纯铝阳极氧化后加偏光后的效果，晶粒大小明显可见，同时清晰地显示了晶粒的位相。

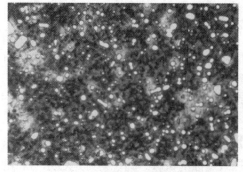

图 3-12 高速钢淬火+回火化学
热染后的组织（500×）

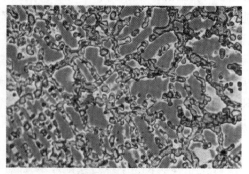

图 3-13 磷锡青铜热染后
的组织（500×）

图 3-14 超纯铝阳极氧化后加偏振光 （200×）

3.5 高温浮凸法

高温浮凸法是利用抛光试样在加热或冷却过程中相变的体积效应使试样表面形成与组织变化相对应的浮凸，从而显示出组织的一种方法[3,7]。在高温显微镜下它可动态地显示相变过程。

高温金相组织的显示常用两种途径。一种是试样在真空中高温保温时沿晶粒边界产生选择性蒸发，从而出现凹沟，这属于热蚀法。另一种是试样在真空中加热，由于温度的影响，当各个相或晶粒的热胀系数相差很大时会出现浮凸，有时由于相邻晶粒在膨胀时的各向异性，造成很大应力，引起滑移及滑移带间的浮凸。

某些材料会发生马氏体相变，在升到一定温度后快速冷却时，因体积效应而造成的浮凸。这些浮凸产生后，在偏振光以及微差干涉衬度（DIC）等装置照明下，因高低差投影和不同位向晶体的不同光学特性都能清晰地反映出组织形貌特征。图 3-15 为 Fe-0.12%C-0.6%Mn-0.25%Si-30%Ni 合金，抛光后加热并快速放入液氮中，使奥氏体通过切变转变为马氏体，产生表面浮凸，未经腐蚀，在微差干涉衬度（DIC）照明下组织特征。

图 3-15 马氏体相变时产生的表面浮凸组织形貌 （500×）

3.6　金相试样的质量鉴别与保存

金相试样质量鉴别常采用宏观法与微观法相结合：

（1）试样磨面要求平整、无划痕、无污物。

（2）对于脆性易剥落的夹杂物，不应出现曳尾现象。

（3）对于软硬不均的试样，不应出现浮雕现象。

（4）浸蚀要均匀，没有锈斑。

（5）组织真实，不应有假象产生。

已经制备好的试样应保存好，主要防止生锈和机械损伤。一般将试样放在装有干燥硅胶的干燥缸内，并在缸盖上涂凡士林密封，在缸内铺绒布。目前，也有用电子干燥箱的。

实　　　验

一、实验目的

1. 了解金相显微组织不同显示方法的原理。

2. 掌握金相显微组织显示的方法。

二、实验设备及材料

1. 化学试剂：硝酸、苦味酸、氢氟酸、三氯化铁及无水乙醇。

2. 吹风机、竹夹子、脱脂棉、滴瓶、玻璃皿。

3. 多功能金相显微镜。

三、实验内容及步骤

1. 配制4%硝酸酒精溶液（用于浸蚀钢和铸铁）、碱性苦味酸钠溶液（用于浸蚀退火T12钢）、三氯化铁水溶液（用于浸蚀铜及铜合金）和0.5%氢氟酸水溶液浸蚀剂（用于浸蚀铝及铝合金）。

2. 对已经抛光好的普通碳钢退火（20号钢、45号钢和T12钢）、有色金属（铜及铜合金或铝及铝合金）、球磨铸铁试样先借助于显微镜在明场、暗场、偏光和以及微差干涉衬度条件下进行夹杂物、石墨形态等进行分析观察。

3. 对上述样品进行浸蚀后再借助于显微镜在明场、暗场、偏光和以及微差干涉衬度条件下分析观察组织特征。

4. 对T12钢退火态分别采用4%硝酸酒精溶液（冷浸蚀）和碱性苦味酸钠溶液（热浸蚀）进行浸蚀，分析观察浸蚀效果。

5. 比对浸蚀前后，在显微镜下观察到了哪些组织信息，其效果如何。

四、实验报告要求

1. 写出实验目的及实验设备。

2. 简述金相试样组织的显示原理和过程。

3. 分析试样组织显示过程中出现的问题，如何解决？

4. 本次实验的体会与建议。

思政之窗：讲解不同材料微观组织显示方法不同，同一种材料用不同的显示方法，可获不同的效果。教会学生学会用辩证的思维去分析事物，有效解决问题。

德育目标：辩证唯物主义精神。

思 考 题

1. 金相显微组织的显示有几种方法，各有什么特点？

2. 常用浸蚀剂有哪些，如何选择，浸蚀原则是什么？

3. 钢铁材料常用的浸蚀剂有哪些，如何配制和使用？

4. 有色金属常用的浸蚀剂有哪些，如何配制和使用？

5. 在配制化学浸蚀剂和电解浸蚀剂时要注意哪些事项？

6. 浸蚀金相试样时需要注意哪些事项？

7. 举例说明电化学腐蚀单相和两相合金的原理？

8. 如何判断试样腐蚀的深浅程度？

9. 什么是显微组织的光学显示法，有哪几种？

10. 干涉层法显示微观组织的要求是什么？

11. 高温浮凸法可以显示哪些组织？

参 考 文 献

[1] 屠世润，高越，等. 金相原理与实践 [M]. 北京：机械工业出版社，1990.

[2] 姚鸿年. 金相研究方法 [M]. 北京：中国工业出版社，1963.

[3] 韩德伟，张建新. 金相试样制备与显示技术 [M]. 长沙：中南大学出版社，2005.

[4] 葛利玲. 材料科学与工程基础实验教程 [M]. 2 版. 北京：机械工业出版社，2019.

[5] 潘钦科 E B，等. 金相实验室 [M]. 北京：冶金工业出版社，1960.

[6] 岗特·裴卓. 金相浸蚀手册 [M]. 李新立，译. 北京：科学普及出版社，1980.

[7] 沈桂琴. 光学金相技术 [M]. 北京：北京航空航天大学出版社，1992.

[8] 孙业英. 光学显微分析 [M]. 北京：清华大学出版社，2003.

4 光学金相显微镜

光学金相显微镜是观察分析材料微观组织最常用、最重要的工具。它是基于光线在均匀介质中作直线的传播，并在两种不同介质的分解面上发生折射或反射等现象构成的，根据材料表面上不同组织组成物的光射特性，金相显微镜在可见光范围内对这些组织组成物进行光学研究并定性和定量描述，它可显示 0.2~500 μm 尺度的微观组织特征[1,2]。

4.1 光学基本原理

4.1.1 光的定义及特性

通常的光是指人眼可见部分的电磁波，称之为光波，光波具有波动性和粒子性。在自然界中，凡能发光的物体称为发光体，又称光源。光源可分为天然光源和人造光源，金相显微镜采用的是人造光源。

具有一定频率的光称为单色光，具有各种频率的复合光称为复色光（如太阳光）。当复色光通过三棱镜时，由于各种频率的光在玻璃中的传播速度不同，折射率不同，致使复色光中各种不同频率的光将按不同的折射角分开，成为一个光谱即：赤、橙、黄、绿、青、蓝、紫，它们各自的波长分别为：

赤色：$\lambda = 630 \sim 700$ nm　橙色：$\lambda = 590 \sim 630$ nm　黄色：$\lambda = 550 \sim 590$ nm

绿色：$\lambda = 490 \sim 550$ nm　青色：$\lambda = 460 \sim 490$ nm　蓝色：$\lambda = 430 \sim 460$ nm

紫色：$\lambda = 400 \sim 430$ nm

可见，从赤色到紫色，波长依次缩短。

4.1.2 几何光学基本定律

按照光的特性和传播方式，光学可分为几何光学与物理光学。光学金相显微镜中应用几何光学较多。从简单的棱镜、透镜到万能（多用）大型金相显微镜都是依据几何光学定律来设计的。

几何光学基本定律要点为：

（1）光的直线传播定律：光线在各向同性的均匀介质中是直线传播的。

（2）光的独立传播定律：光线在各向同性的均匀介质中，两条光线相交，在相交后可继续传播，而互不影响。

（3）光的反射定律：光线入射于镜面的角度等于发射角，而且入射线与反射线依镜面法线相对称。当入射角增大到某一角度，使折射角达到 90° 时，折射光完全消失，只剩下反射光，这种现象叫做全反射。

（4）光的折射定律：光线在第一种介质进入第二种介质时在相界面上产生折射。入射角正弦与折射角正弦之比，对于一定的介质是不变的，称为介质常数，它取决于介质的本质与光线的波长。

4.1.3 光学基本元件及应用

在光学仪器的成像系统中，除了实现显微放大的作用外，为了结构设计简单以及工作方便常常需要改变光束的方向和行程，利用反射、折射和全反射原理设计的各类光学元件来实现。

（1）反射镜。它是金相显微镜光学元件之一，作用是改变光的方向。反射镜有平面反射镜、球面反射镜和非球面反射镜等。按光的透射程度又可分为全反射镜和半透反射镜两种。金相显微镜中光源聚光镜的曲面反射、光线转向的平面反射镜及球面反射都是利用光的反射定律而设计的光学元件。

反射定律与可见光的波长无关，故根据反射所设计的物镜没有色差等缺陷。

（2）棱镜。棱镜可分为折射棱镜和全反射棱镜两种，在金相显微镜中主要用来改变光路。

（3）透镜。折射面是球面或者一面是球面，另一面是平面的透明体称为透镜，透镜是金相显微镜中物镜和目镜的主要组成元件。它们的作用是使光线会聚或发散。透镜的光学中心称为光心，通过光心的光线称为光轴。透镜按其形状可分为双凸透镜、平凸透镜、弯月形透镜、双凹透镜、平凹透镜和凹凸透镜。其中凸透镜为正透镜，作用使光线会聚，凹透镜称为负透镜，作用使光线发散。

4.1.4 光学系统的像差（透镜的像差）

透镜在成像过程中，由于受本身物理条件的限制，使影像变形、变色、模糊不清或发生畸变，这种像的缺陷称为像差。

透镜像差的类型主要有球面像差、色差、场曲率、慧形像差、像散、畸变等。其中影响成像质量的是前三种，在金相显微镜光学系统中的透镜，尽管在设计制造时，尽量减少像差，但多少依然存在。以下主要介绍球面像差、色像差和场曲率的形成和降低这些缺陷的方法[3]。

4.1.4.1 球面像差

球面像差（spherical aherration）是一种透镜缺陷，即从透镜外部区域的射线与从透镜中心穿过的射线聚焦在不同的平面，如图 4-1 所示。这是由于透镜表面是球形，中心与边缘厚度不同，这样从某一点发出的单色光（即一定波长的光线）与透镜各部位接触角不同，经过透镜折射后，靠近中心部分的光线折射角小，在离透镜较远的地方聚焦，边缘部分光线折射角大，在离透镜较近的位置聚焦，所以不能聚焦在一点，而是在透镜光轴上成一系列像，使成像模糊不清。

球面像差的程度与透镜的曲率半径大小以及光通过透镜的面积有关。透镜的曲率半径越小，球差越严重。光通过透镜的面积越大，则球差越严重，如果让极细的一束光线通过单片透镜中心部位，球差大大下降，但是显微镜中的进光量太小，导致成像后光线太弱。因此，有效降低球差的办法主要靠凸透镜和凹透镜的组合，以及可以通过缩小显微镜的孔径光栏来减少。

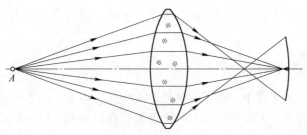

图 4-1 球面像差示意图

4.1.4.2 色差

色差（chromatic aberration）是当不同波长的单色光通过透镜时，由于不同波长的单色光的折射率不同。波长越短折射率越大，其焦点越近，波长越长，折射率越小，焦点越远，所以不同波长的光线，不能同时聚焦在一点，产生了一系列群像，这种缺陷称为色像差（色差），见图 4-2。

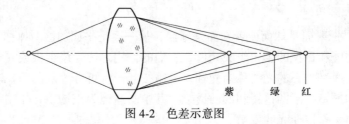

图 4-2 色差示意图

色差的消除办法是在光路中加滤色片，使白色光变成某一波长的单一光线。一般加绿色片，既能保证显微镜具有一定的分辨率，又可以缓解对眼睛的疲劳和损伤。

4.1.4.3 场曲率

场曲率（curvature of field）是镜头的一种性质，它导致平面成像会聚于弯曲表面而非平面。场曲率是各种像差的总和，它或多或少地总是存在于有透镜组成的光学元件中。以致难以在垂直放着的平胶片上得到全部清晰的成像，如图 4-3 所示。

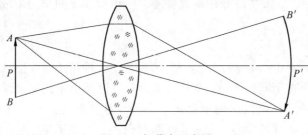

图 4-3 场曲率示意图

场曲率可以用特殊的物镜校正。平面消色差物镜或平面复消色差物镜都可以用来校正像域弯曲，使成像平坦清晰。

4.2 光学金相显微镜的成像原理

金相显微镜是利用光线的反射原理，将不透明的物体放大后进行观察的，最简单的显微镜有两个透镜组成，因此，显微镜是经过两次成像的光学仪器。将物体进行第一次放大的透镜称为物镜，将物镜所成的像再经过第二次放大的透镜称为目镜。显微镜的基本成像原理图如图 4-4 所示[3]。

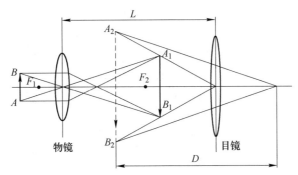

图 4-4　金相显微镜放大成像原理图

由成像原理图可见：设物镜的焦点为 F_1，目镜的焦点为 F_2，L 为光学镜筒长度，$D=250$ mm 为人的明视距离。当物体 AB 位于物镜的焦点 F_1 以外，经物镜放大而成为倒立的实像 A_1B_1，而 A_1B_1 正好落在目镜的焦点 F_2 之内，经目镜放大后成为一个正立放大的虚像 A_2B_2，则两次放大倍数各为：

$$M_物 = A_1B_1/AB \qquad M_目 = A_2B_2/A_1B_1$$
$$M_总 = M_物 \times M_目 = A_1B_1/AB \times A_2B_2/A_1B_1$$

即显微镜总的放大倍数等于物镜的放大倍数乘以目镜的放大倍数。目前普通光学金相显微镜的最高有效放大倍数为 1600~2000 倍。

4.3　显微镜的光学技术参数

用显微镜观察时，人们总是希望能看到清晰而明亮的理想图像，这就需要显微镜的各项光学技术参数达到一定的标准，并且要求在使用时，必须根据观察的目的和实际情况来协调各参数的关系。只有这样，才能充分发挥显微镜应有的性能，得到满意的镜检效果。

显微镜的光学技术参数包括：数值孔径、分辨率、放大率、焦深、视场宽度、覆盖差、工作距离和图像亮度与视场亮度等。这些参数并不都是越高越好，它们之间是相互联系又相互制约的，每个参数都有它本身一定的合理界限，在使用时，应根据镜检的目的和实际情况来协调各参数之间的关系，但应以保证分辨率为准。

4.3.1　数值孔径

数值孔径（nomerical aperture）是物镜孔径角半数的正弦值与物镜和样品之间介质的折射率之积，用 NA 来表示。它是物镜和聚光镜的主要技术参数，是判断两者（尤其对物镜而言）性能高低的重要标志。其数值的大小，分别标刻在物镜和聚光镜的外壳上。

物镜的数值孔径表示物镜的聚光能力，物镜对试样上各点的反射光收集得越多，成像质量越高。数值孔径用 NA 表示，并用下列公式进行计算，见图 4-5。

$$NA = n\sin\phi$$

式中　　n——物镜与观察物介质之间的折射率；
　　　　ϕ——物镜的孔径半角。

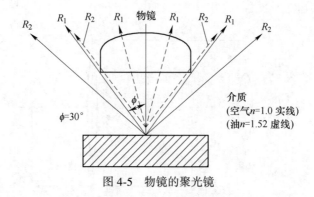

图 4-5　物镜的聚光镜

　　物镜的 NA 值越大，物镜的聚光能力越大，其分辨率越高。由公式可见，提高数值孔径有两个途径：

　　（1）增大透镜的直径或减小物镜的焦距，以增大孔径半角 ϕ，但此法会导致像差及制造困难，实际上 $\sin\phi$ 的最大值只能达到 0.95。

　　（2）提高物镜与观察物之间的折射率 n。空气中 $n=1$，$NA=0.95$。物镜镜油 $n=1.515$，$NA=1.40$。

　　镜油的材质也在不断地更新中，目前物镜的最大数值孔径 $NA=1.70$。

　　物镜的数值孔径大小，标志着物镜分辨率的高低，即决定了显微镜分辨率的高低。它与其他技术参数有着密切的关系，它几乎决定和影响着其他各项技术参数。它与分辨率成正比；与放大率（有效放大率）成正比；与焦深成反比；NA 值的平方与图像亮度成正比；NA 值增大，视场宽度与工作距离都会相应地变小。

　　这里要提醒的是物镜的数值孔径的重要性并不低于其放大倍数，如果数值孔径不足，放大倍数虽然尽量提高，也没有多大意义，因为相邻的两点若不能很好地鉴别时，即使放大倍数再高（即虚伪放大）实际上还是不能将这两个点鉴别清楚。为了充分发挥物镜数值孔径的作用，在观察时，聚光镜的 NA 值应等于或略大于物镜的 NA 值，在显微照相时则应小于物镜的 NA 值。

　　聚光镜的类型不同，其 NA 值的大小也不一，总的说来为 0.05~1.4，它可通过调节孔径光阑的大小来改变 NA 值的大小，从而达到与物镜 NA 值相匹配使用的效果。有的聚光镜还可以把上透镜推出光路，NA 值则下降。

4.3.2　分辨率

　　分辨率（resolution）又称"鉴别率""解像力"或"分辨本领"，是衡量显微镜性能的又一个重要技术参数。物镜的分辨率是指物镜能区分两个物点间的最小距离，用 σ 表示。

$$\sigma = \frac{0.61\lambda}{NA}$$

式中，λ 为所用光的波长。

可见，波长越短，分辨率越高。数值孔径越大，分辨率越高。对于一定波长的入射光，物镜的分辨率完全取决于物镜的数值孔径；数值孔径越大，分辨率就越高。

提高分辨率的途径：

（1）降低波长 λ 值，使用短波光作光源。在使用可见光（如卤素灯或钨丝灯）作灯源时，可加蓝色滤光片以吸收长波的红、橙光，使波长接近于平均波长，以利镜检观察。紫外光显微镜是利用波长 $0.275\ \mu m$ 的单色光作光源，从而使 σ 值减少为 $0.22\ \mu m$，分辨率高于可见光的两倍。电子显微镜是利用电子束作光源，电子束也具有波动性，它的波长更短，其 σ 值为几十个纳米。

（2）增大介质的 n 值和提高 NA 值，有效地降低 σ 值，从而提高分辨率。

（3）增大孔径角，但孔径半角最大也难达到 $90°$，并且物镜在制造后，孔径角已经限定，因此，此项措施难以在观察时利用。

（4）增加明暗反差，观察时恰当地增加图像的明暗对比，也是提高清晰度的一项措施。

4.3.3　放大倍率

放大倍率（magnification）就是放大倍数，是指被观察物体经物镜放大再经目镜放大后，人眼所看到的最终图像的大小相对原物质大小的比值，它是物镜和目镜放大倍数的乘积。物镜和目镜的放大倍数均标刻在其外壳上。

4.3.3.1　物镜的放大倍数

物镜的放大率是指物镜本身对物体放大若干倍的能力，用 M_0 表示。物镜的放大率决定于物镜透镜组的焦距，也与设计中的光学镜筒长度有关。

$$M_0 = \frac{L}{f}$$

式中，f 为物镜的焦距；L 为光学镜筒长度。

由公式可知，物镜的放大率是对一定镜筒长度而言的。镜筒长度的变化，不仅放大率随之变化，而且成像质量也受到影响。因此，使用显微镜时，不能任意改变镜筒的长度。国际上将显微镜的标准筒长定为 $160\ mm$（联邦德国 Levitz 曾为 $170\ mm$），此数字也标刻在物镜的外壳上。

物镜放大倍率：5×、10×、20×、50×、100×。

4.3.3.2　目镜的放大率

目镜的放大率由以下公式算出：

$$M_e = 250/f$$

式中，250 为人的明视距离，mm；f 为目镜的焦距。

目镜放大倍率：5×、10×、20×，常用的是 10×。

因此，观察到的组织总放大率（M）＝物镜放大率（M_0）×目镜放大率（M_e）。

4.3.4　显微镜的有效放大倍数

由上所述，物镜的放大倍数越高，数值孔径越大，则分辨率越高。但显微镜的分辨率是由照明光线的波长和物镜的数值孔径决定，因而显微镜的放大率也是有限的。显微镜中保证物镜的鉴别率充分被利用时所对应的放大倍数，称为显微镜的有效放大倍数。

有效放大倍数可由以下关系推导出：人眼的明视距离为 250 mm 处的分辨能力为 0.15~0.30 mm，因此需将物镜能鉴别的距离 σ 经显微镜放大后在 0.15~0.30 mm 方能被人眼分辨。若以 M 表示显微镜的放大倍数，则：

$$\sigma \cdot M = 0.15 \sim 0.30 \text{ mm}$$

又因

$$\sigma = \frac{0.61\lambda}{NA}$$

所以

$$M = (0.246 \sim 0.5)\frac{NA}{\lambda}$$

当采用黄绿光波，$\lambda = 550$ nm 时，则 $M_{有效} = (500 \sim 1000)NA$。

有了有效放大倍数就可以正确选择物镜与目镜的配合，以充分发挥物镜的鉴别率而不致于造成虚放大。

例如：选用 $NA = 0.63$ 的 32×物镜，$\lambda = 550$ nm 时，

$M_{有效} = (500 \sim 1000)NA = (325 \sim 650)\times$，这时应选用 （10~20）×的目镜，如果目镜的倍数低于 10 倍，未能充分发挥物镜的鉴别能力；如果目镜的倍数高于 20 倍，将会造成虚放大，仍不能显示超出物镜鉴别能力的微细结构。

4.3.5　焦深

焦深（depth of focus）又称垂直鉴别率或景深，是指物镜对高低不平的物体能清晰分辨的能力，它与物镜的数值孔径成反比，物镜的数值孔径越大，其焦深越小。在物镜的数值孔径特别大的情况下，显微镜可以有很好的分辨率，但焦深很小。对于金相显微镜来说在高倍放大时，其焦深很小，几乎是一个平面。这也是把金相试样制备成平坦表面的缘故，当显微镜用于高倍观察时，由于焦深小，只有在金相试样表面高低差较小时，才能清晰成像。因此，高倍观察所用的试样应浅浸蚀。

显微镜焦深 D 的计算公式为：

$$D = \frac{K \cdot n}{M \cdot NA}$$

式中　K——常数，约为 240 μm；

　　　n——被检物体周围介质的折射率；

　　　M——总放大率；

　　NA——物镜的数值孔径。

由公式可知：

（1）焦深与总放大倍率及物镜的数值孔径值成反比，可见放大倍率越高，数值孔径值越大，焦深 D 则越小。

（2）焦深与分辨率相反，分辨率高则焦深变小。因此，在使用高倍物镜并在高分辨率下观察时，由于焦深小，必须运用细调焦装置上下调节，以观察被检物体的全层，弥补焦深小的缺陷。但是在进行显微摄影时，则应当尽量利用焦深大的物镜。如 40×物镜，数值孔径有 0.65、0.70、0.85、0.95 四种类型，观察时，选用 NA 为 0.95 的物镜，可得到好的观察效果；而显微摄影时，可根据样品的组织情况适当选用 NA 值小的物镜，才能得到

比前者焦深大的效果。

（3）被观察物体周围介质（封片剂）的折射率加大，可增大焦深。尤其在显微照相时，更应考虑封片剂的使用。

4.3.6 工作距离与视场直径

工作距离（working distance）是指被观察样品表面到物镜前表面之间的距离。物镜的放大倍率越高，工作距离越短。在高倍放大时，物镜的工作距离相当短，因此，观察调焦距时需要格外细心，一般应使物镜离开实物方可运行。

视场直径（field diameter）也称视场宽度或视场范围，它是指显微镜中所看到的试样表面区域的大小。标准筒长下视场直径的计算方法，是用目镜的视场数 FN（field number）除以所使用的物镜放大倍率。

$$\Phi = \frac{FN}{M_0}$$

式中　Φ——视场直径；

　FN——视场数；

　M_0——物镜放大率。

可见，视场直径与物镜的放大率成反比，与视场数成正比。

视场数，是各制造厂家设计光学系统时确定的，视场数越大，制造难度越大。各公司产品的视场数标刻在目镜的镜筒外侧或端面上。不同厂家制作的目镜和不同类型的目镜，其视场数不同，倍率越高的目镜，其视场数越小。

4.3.7 镜像亮度与视场亮度

镜像亮度（image brightness）是显微镜的图像亮度的简称，指在显微镜下所观察到的图像的明暗程度。观察时对镜像亮度的要求，一般是使眼睛既不感到暗淡，又不耀眼，也就是使眼睛不感到疲劳为好。

镜像亮度与物镜数值孔径值的平方成正比，与总放大率的平方成反比。因此，镜像亮度对于在高倍镜下观察和显微照相及投影时尤为重要，如果没有足够的镜像亮度，显微照相要延长曝光时间，显微投影屏上的图像也因此暗淡，而影响观察。

镜像亮度与视场亮度（field brightness）是两个不同的概念，如前所述，镜像亮度是指显微镜下图像的明暗程度；而视场亮度则是指显微镜下整个视场的明暗程度。视场亮度不仅与目镜、物镜有关，还直接受聚光镜、光阑和光源等因素的影响。因此，在不更换物镜和目镜的情况下，视场亮度大，镜像亮度就也大。在观察和显微照相时，更重要的镜像亮度，当其亮度适中时，才能得到满意的图像。

4.4　显微镜的主要光学部件

显微镜的光学部件包括物镜、目镜、聚光镜及照明装置几个部分，这里主要介绍物镜和目镜。

4.4.1　物镜

物镜（objective lens）是显微镜中的光学部件，利用光线使被检物体第一次成像，包括：消色差物镜、复消色差物镜、半复消色差物镜、平面消色差物镜等。它是显微镜最重要的光学部件，对物体起第一步的放大作用，因而直接影响着成像的质量和各项光学技术参数，是衡量一台显微镜质量的第一技术参数。

物镜的结构复杂，制作精密，由于对像差的校正，在金属的物镜筒内由相隔一定距离并被固定的透镜组组合而成。每组透镜又由不同材料、不同参数的一系列透镜胶合在一起。物镜最前面的透镜称"前透镜"，最后面的透镜称"后透镜"。物镜复合透镜组的总焦距为物镜的焦距。物镜前透镜与被检物体之间的距离为工作距离（自由工作距离）。

4.4.1.1　物镜的类型

A　按照色差分类

消色差物镜（achromatic objective）由若干组曲面半径不同的一正一负胶合透镜组成，只能矫正光谱线中红光和蓝光的轴向色差。同时校正了点球差额近轴点慧差，是一种常见物镜，外壳上无标识，其结构比较简单，被广泛应用于中、低级显微镜上。

复消色差物镜（panchromatic objective）的结构复杂，透镜采用了特种玻璃或萤石、氟石等材料制作而成，物镜的外壳上标有"APO"字样。这种物镜不仅能校正红、绿、蓝三色光的色差，而且在同一焦点平面上成像，达到消除"剩余色差"（又称二级光谱）的效果，同时能较好地校正红、蓝二色光的球差。由于对各种像差的校正极为完善，比相应倍率的消色差物镜有更大的数值孔径，这样不仅分辨率高，成像质量优秀，而且也有更高的有效放大率。因此，复消色差物镜的性能很高，适用于高级研究镜检和显微照相之用。观察时应与补偿目镜配合使用，否则图像质量会下降。

半复消色差物镜（semi panchromatic objective）又名氟石物镜，物镜的外壳上常标有"FL"字样。在结构上透镜的数目比消色差物镜多，比复消色差物镜少，在成像质量上，远较消色差物镜为好，接近于复消色差物镜，能校正红、蓝二色光的色差及球差。镜检时也应与补偿目镜配合使用。

B　按照像场的平面性分类

平场物镜是在物镜的透镜系统中增加一块半月形的厚透镜，以达到校正场曲的缺陷。平场物镜的结构较复杂，尤以高倍平场物镜更为复杂。平场物镜的视场平坦、视场较大，且工作距离也相应地有所增长。因此，更适用于高级研究的观察和显微照相之用。

（1）平场消色差物镜（plan achromatic objective）在镜头的外壳上标有 Plan，采用多镜片组合的复杂光学结构，较好地校正了像散和场曲。因此，整个视场都能清晰，克服了消色差物镜视场清晰度不均匀的现象，但仍存在剩余色差，即二级光谱未消除。必须指出，平均消色差如果其垂轴色差在1%以下时，可以不用色差过正的补偿目镜与它配合使用，如果垂轴色差在2.5%以下，又大于1%时，则应与平均补偿镜配合使用。

（2）平场复消色差物镜（plan panchromatic objective）在镜头的外壳上标有 Plan Ape，复消色差物镜对二级光谱虽然有进一步的校正，但对垂轴色差仍校正不足，像面弯曲与一般消色差物镜没有根本改善。平均复消色差物镜是指校正了像散和场曲，又校正了红、蓝、黄三条谱线的轴向色差，是显微镜物镜的最佳形式，整个视场平坦，清晰，观察舒适。

（3）平场半复消色差物镜（plan semi panchromatic objective），在镜头的外壳上标有 Plan FL，根据消色差的情况，还有平场半复消色差物镜介于前二者之间，一般因为采用了萤石（CaF_2）材料，也有叫萤石物镜的。

更为高级的为超平场物镜（外壳上标刻有 S plan）和超平场复消色差物镜（外壳上标刻有 S Plan A pod）。

C　按照特殊性分类

在上述物镜的基础上，专门为达到某些特定的观察效果而设计制造的物镜称为特种物镜。主要有下列几种：

（1）无应力物镜（strain-free objective）。这种物镜在透镜组的装配中克服了应力的存在，是专作透射式偏光镜检用的物镜，能达到更佳的偏光镜检效果。在物镜的外壳上常标刻有"PO"或"POL"字样，以便识别。

（2）长工作距离物镜（long working distance objective）。这种物镜是倒置显微镜的专用物镜，它是为了满足组织培养、悬浮液等材料的镜检而设计制造的。由于这类被观察物体都是放置在培养皿或培养瓶中，必须要求物镜的工作距离长才能达到镜检的要求。

D　按照放大率分类

按照放大率可分为：

（1）低倍物镜：放大率≤10×；数值孔径 0.04~0.15。

（2）中倍物镜：放大率在 10×~25×；数值孔径 0.25~0.4。

（3）高倍物镜：放大率在 25×~100×；数值孔径 0.4~0.95。

4.4.1.2　物镜的性能标记

在物镜上都刻有不同的标记，表示物镜类型、放大倍数、数值孔径、镜筒长度、浸油记号、盖玻璃片等信息。

国产物镜用物镜类别的汉语拼音字头标注，如平面消色差物镜标以"PL"（平场）。西欧各国产物镜多标有物镜类别的英文名称或字头，如平面消色差物镜标以"Planarchromatic"或"PL"，消色差物镜标以"Achromatic"，复消色差物镜标以"Apochromatic"。

图 4-6 为显微镜的物镜及标识，其中 M 表示金相显微镜，以区分生物显微镜，Plan 表示平场物镜，物镜上的标识环的颜色是来区分放大倍数，5×红色、10×黄色、20×绿色、

图 4-6　显微镜的物镜及标识

40×/50×蓝色、100×白色。B 表示明场物镜、BD 表示明暗场物镜、BDP 表示明暗场与偏光、U 表示万能物镜、PH 表示相差或霍夫曼物镜、LCD 表示红/紫外物镜并带光阑调整物镜带校正帽物镜、DIC 表示微差干涉衬度物镜、WD 表示工作距离、FL 表示半复消色差。有些显微镜物镜中标有 LMPlan，L 表示长工作距离。

4.4.2 目镜

目镜（eyepiece）用于放大物体并形成图像的镜头系统。在显微镜中的主要作用是将物镜放大的实像再次放大，在明视距离处形成一个清晰的虚像，显微摄影时，在底片上投射得到一实像。

目镜的结构较物镜简单，一般由 2~5 片透镜分两组或三组构成。上端的一块（组）透镜称"接目镜"下端的透镜称"场镜"。在目镜筒内，目镜的物方焦点平面处装置一金属的光阑称"视场光阑"，它的作用是限定有效视场的范围，而舍弃四周的模糊像。物镜放大后的中间像就落在视场光阑平面处，所以目镜中的指示标志，目镜测微尺分划板均在这个位置上。

4.4.2.1 目镜的类型与用途

根据 GB/T 9246—2008 规定，目镜的种类有以下几种：

（1）按视场数可分为：普通目镜（common eyepiece）、广视场目镜（wide field eyepiece）和超广视场目镜（ultra widefield eyepiece）。

以 10×目镜为例：普通目镜视场直径<18 mm，视场直径在 18~22 mm 为广视场目镜，视场直径≥23 mm 为超广视场目镜。

（2）按视场像差校正状态分为：普通目镜和平场目镜（flat field eyepiece）。

平场目镜比普通目镜增加了一块负透镜，故能校正场曲的缺陷，而使视场平坦。它与相同倍率的普通目镜相比，具有视场大而平的优点。在目镜的外侧或端面常标刻"PL"的字样。

（3）按出瞳距离可分为：高眼点目镜和一般目镜。

高眼点目镜用于不需要摘掉眼镜直接观察的目镜。

（4）测微目镜（micrometer eyepiece）。测微目镜在焦平面上具有固定测度的目镜。主要用于金相组织与渗层深度的测量或显微压坑长度的测量。根据测量目的可将刻度设计为直线、十字交叉线、方格网、同心圆或其他几何形状，如图 4-7 所示。

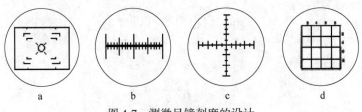

a	b	c	d

图 4-7　测微目镜刻度的设计

使用测微目镜进行测量时，必须首先借助于显微标定尺对该目镜在待测放大倍数下进行标定，显微标定尺中有一个长度为 1 mm 的横线，并将 1 mm 均匀地分为 100 格，每格为

0.01 mm，其标定的方法为：将显微标定尺置于载物台上，并在显微镜中成像，然后在待测定的放大倍数下，将标尺与测微目镜中的刻度进行比对，即

θ=（视野中显微标定尺的刻度数/目镜中的刻度数)×0.01 mm/格

这就是说在待测倍数下，目镜中的每一格代表的实际长度为 θ 值。

4.4.2.2　目镜的标记

目镜上一般刻有目镜类型、放大倍数和视场大小。例如 PL10×/25 平场目镜（如图4-8所示），表示平场目镜、放大倍率为10×、视野大小为 25 mm，眼镜的标识为高眼点目镜。

图 4-8　平场目镜的外形与标识

4.5　光学金相显微镜的构造、类型与使用

4.5.1　光学金相显微镜的类型

金相显微镜可按以下两种形式进行分类：

（1）按光路分：按照光路和被观察的试样的抛光面的取向不同有正置式和倒置式两种基本类型。正置式显微镜的物镜朝下（见图1-10、图1-12和图1-14），倒置式显微镜的物镜朝上（见图1-5~图1-9、图1-11和图1-13）。

（2）按功能与用途分：

1）初级型：具有明场观察，其结构简单，体积小，重量轻。

2）中级型：具有明场、暗场、偏光观察和摄影功能。

3）高级型：具有明场、暗场、偏光、相衬、微差干涉衬度、干涉、荧光、宏观摄影与高倍摄影、投影、显微硬度、高温分析台、数码摄影与计算机图像处理等。

4.5.2　光学金相显微镜的构造

无论是哪一种显微镜其结构都可归结为：照明系统、光路系统、机械系统与摄影系统。

4.5.2.1　照明系统

照明系统是辅助光源，同时根据不同的研究目的，调整、改变采光方式，并完成光线行程的转换。该系统主要包含光源、照明方式等。

（1）光源。金相显微镜的光源装置依显微镜类型不同而有所区别。金相显微镜一般采用人造光源，并借助于棱镜或其他反射方法使光线投在金相磨面上，靠试样的反光能力，部分光线被反射而进入物镜，经放大成像最终被我们观察。显微镜中光源要求光的强度不仅大而且要均匀，分光特性合适，并在一定范围内可任意调节，发热程度不宜过高，光源要稳定，经济性好。

现代的显微镜一般都配有控制度很高的集成式光源，显微镜的光源一般采用安装在反射灯室内的卤素灯，目前常用的有 30 W、50 W 照明功率，高级型多采用 100 W 的卤素灯。

（2）照明方式。金相显微镜照明方式有临界照明与科勒照明两种。目前，新型显微镜都已采用科勒照明。

4.5.2.2　光路系统

倒置式金相显微镜的光路分别如图 4-9 和图 4-10 所示。

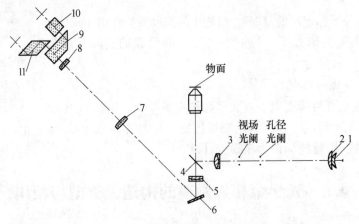

图 4-9　倒置式金相显微镜的光路图

1—集光镜一；2—集光镜二；3—聚光镜；4—分光镜；5—管镜一；6—反光镜；

7—管镜二；8—管镜三；9—棱镜胶合组；10—平晶；11—斜方棱镜

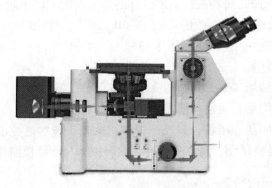

图 4-10　倒置式金相显微镜的外形及光路示意图

4.5.2.3　机械系统

机械系统主要有底座、载物台、镜筒、调节旋钮（聚焦）等，倒置式金相显微镜的构造见图 4-11。

4.5.2.4　摄影系统

摄影系统是在一般显微镜的基础上，附加了一套摄影装置。主要由照相目镜、对焦目镜、暗箱、投影屏、暗盒、快门等组成。随着计算机和数码技术的发展与普及，现代金相显微镜都配有数码摄影与计算机图像处理系统，已基本取代了传统的感光胶片技术，同时简化了金相显微镜的构造。

随着几何光学、物理光学以及计算机技术与数字图像技术的迅速发展，给现代金相显微镜发展开创了一个新世界，将机械、光学、计算机技术和电子图像分析等领域新技术的综合应用并优化组合，使金相显微镜操作更简单，精度更高，图像更完美。

有关常用金相显微分析设备相关标准见附录 2。

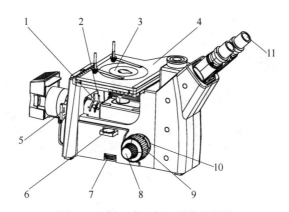

图 4-11 倒置式金相显微镜的结构

1—孔径光阑拨杆；2—视场光阑拨杆；3—金属载物台板；4—机械平台；
5—起偏镜插板滤色镜插板；6—360°旋转检偏镜；7—调光手轮；8—微动手轮；
9—粗动手轮；10—松紧调节手轮；11—目镜

4.5.3 金相显微镜摄影操作要点

在金相分析中，不仅要对材料的组织结构进行观察分析，而且还要对此进行记录——显微摄影，以获得金相照片。一张好的金相照片要求视场中的组织具有代表性，反差适中，组织清晰，层次丰富，具有真实感。一幅优秀的金相照片不仅能代表材料的典型微观组织形貌，同时也是材料与艺术的相互辉映，令人赏心悦目。

4.5.3.1 摄影分类

（1）传统摄影。传统的金相摄影是在光学显微镜上加普通照相机，经过拍照（负片）→底片冲洗→底片晾干→相纸曝光→相纸冲洗→烘干→剪裁等。可见，采用传统方法获得的金相照片，不仅费时、费力，还耗材。同时，暗室工作技术性很强，要获得优秀的金相照片需金相工作者付出大量的精力与心血。随着计算机技术、数码技术及信息技术的快速发展，传统的金相摄影已被数码摄影所代替。

（2）数码摄影。为金相技术提供了更快、更好的新方法。现在借助于数码技术与计算机技术，就可以采用普通光学显微镜+光学硬件接口+数码相机+计算机+软件接口+应用软件包+激光（或喷墨）打印机的结构，完成了金相照片的获取、自动标定、存储、查询、打印输出等工作。这样，既取消了大量繁杂的暗室工作，又节约了大量的材料，并且使照片的保存、查询、传输管理实现了计算机管理，操作上更加便利和轻松。具备了这样一个数字化的金相照片的拍照与图像处理系统，为金相检验与分析实行自动化提供了硬件与软件系统的支持，为定量金相分析工作奠定了基础。数码摄影系统的组成见图4-12。

无论是采用传统的金相摄影还是采用数码摄影，要获得理想的金相照片，都必须从样品的选择及制备，显微镜的操作，拍摄参数的设定等，每一步都务必精心控制。

系统配置除了图4-12的硬件设备即光学技术外（包括：金相显微镜、专用相机、接口、计算机等），还应有应用软件。系统中最重要的技术参数是摄像头的像素指标，所谓的像素是指组成图像的元素数。摄像头的像素高低对所采集的图像质量起着决定性的作用，摄像头的像素数越高，也就是分辨率越高。摄像头的像素从几十万到几百万，目前最

图 4-12   系统配置图

高的像素为 2000 万。随着数码技术的不断发展，数码摄像头的像素还会不断提高。作为金相摄影最好选择 500 万以上像素的数码相机来拍照。

4.5.3.2   摄影对样品的要求

摄影对样品的要求有以下几个方面：

（1）首先制备出一个高质量的金相试样，样品磨面上的磨痕及其他缺陷要尽量少或没有；

（2）试样的浸蚀应均匀、适度。高倍摄影应相对浅一些，以免损失显微镜的分辨力，湮没显微组织的细节；

（3）试样浸蚀后应立即进行摄影，以免表面氧化污损。

显微数码摄影的结果一般要适当调整并以图片文件的形式储存在计算机中，可在计算机中使用专业的图像编辑软件，如 Photoshop 等，对图片进行适当的修饰和加工。如果要得到满意的显微摄影图片，还要对打印机及打印纸的类型和型号进行选择，同时对打印机的打印参数进行正确的调整。

4.5.4   金相显微镜的使用和维护

金相显微镜属于精密的光学仪器，操作者必须充分了解其结构特点、性能以及使用方法，并严格遵守操作规程。

4.5.4.1   使用步骤及注意事项

显微镜操作之前，操作者的手必须洗净擦干，试样也要求清洁，试样不得有残留氢氟酸等化学药品（尤其是倒置式显微镜），严禁用手摸光学零件，需按照以下步骤谨慎操作：

（1）接通电源；

（2）选择合适的物镜与目镜，先进行低倍观察（一般 100 倍），再进行高倍观察；

（3）使载物台对准物镜中心；

（4）视野光阑与目镜镜筒大小合适；

（5）先粗调再微调；

（6）聚焦使映像清晰；

（7）观察完毕切断电源，取下物镜、目镜放入干燥缸内，将载物台处于非工作状态，盖好防尘罩。

4.5.4.2   维护

金相显微镜应安装在阴凉、干净、无灰尘、无蒸汽、无酸、无碱、无振动的室内。尤其是不宜靠近挥发性、腐蚀性等化学药品，以免造成腐蚀环境。阴暗潮湿环境对显微镜危害很大，会造成部件生锈、发霉，以致报废。因此，最好在显微镜室安装空调或去湿器，严防光学零件的发霉，一旦发霉应立即进行清洁。

4.6　金相显微镜观察方法的基本原理及应用

光学显微镜有明场、暗场、正交偏光、锥光偏光、相衬、微差干涉相衬、干涉和荧光等观察方法，之后又出现了共聚焦的方法，其中锥光偏光主要用于观察岩矿等晶体样品，荧光主要用于染料标记的生物样品以及可自发荧光的有机样品。目前金相显微镜的功能主要有明场、暗场、正交偏光、微差干涉相衬。

4.6.1　明场

明场（bright field）照明是金相显微镜主要的照明方式与观察方法。在明场照明中光源光线通过垂直照明器（见图 4-13 和图 4-14）转 90° 进入物镜，垂直地（或接近垂直）射向样品表面，由样品表面反射过来的光线再经过物镜通过平面反射镜（见图 4-13）或通过棱镜（见图 4-14）到达目镜，如果试样是一个抛光的镜面，反射光几乎全部进入物镜成像，在目镜中可看到明亮的一片。如果试样是一个抛光后经过浸蚀，试样表面高低不平，则反射光将发生漫射，很少进入物镜成像，在目镜中看到的是黑色的像。由于试样的组织是在明亮的视场内成像的，故称为"明场"照明[4]。

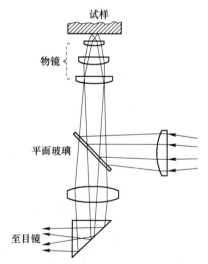

图 4-13　用平面玻璃作垂直照明器的光路

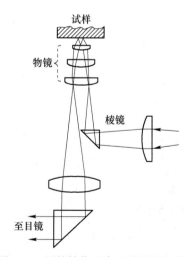

图 4-14　用棱镜作垂直照明器的光路图

4.6.2　暗场

暗场（dark field）照明是物体的一种照明方式，在以足够倾斜的射线照明物体时，由于没有射线直接进入物镜而得到的观察结果。暗场照明与明场照明不同（如图 4-15 所示），其光源光线经聚光镜后形成一束平行光线，通过暗场环形或光阑，平行光线的中心部分被挡住，形成一束管状光束；然后经过平面玻璃反射，再经过暗场曲面反射镜的反射，管状光束以很大的倾斜角投射在样品上。如果试样是一个镜面，由试样上反射的光线仍以极大倾斜角向反方向反射，不能进入物镜，在视场内一片漆黑，只有试样凹洼之处才能有光线反射进入物镜，试样上的组织将以白亮映像衬在漆黑的视场内，如同星星的夜空，所以称为"暗场"照明[4]。采用暗场照明时因物像的亮度较低，此时应将视场光栏开到最大。

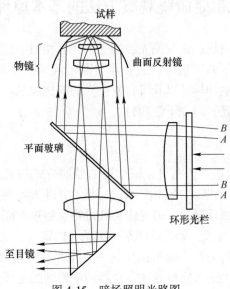

图 4-15　暗场照明光路图

暗场照明主要有以下三个优点：

（1）由于暗视场入射光束倾斜角度极大，使物镜的有效数值孔径随之增加，故物镜鉴别能力亦随之提高。在暗视场照明下观察，即使是极细的磨痕亦极易鉴别。

（2）不像明场照明，入射于磨面的光线并不先经过物镜，因而显著地降低了由于光线多次通过玻璃-空气界面所形成的反射与眩光，提高了最后映像的衬度。

（3）暗场观察能正确的鉴定透明非金属夹杂的色彩。例如氧化亚铜在暗场观察时能观察到它的真实色彩是宝石红色。所以暗场观察在鉴定非金属夹杂物时极为重要。

纯铜在退火态下的组织形态为等轴状的 α 单相组织，α 相中有退火孪晶，在明场和暗场照明下的效果分别见图 4-16 和图 4-17。在明场照明下晶界呈黑色，在暗场照明下，晶

图 4-16　纯铜退火态明场像（500×）

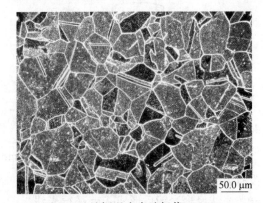

图 4-17　纯铜退火态暗场像（500×）

界呈白色，明场与暗场观察效果刚好相反。但是暗场照明时组织衬度要比明场照明要好得多。因此，暗场常用来观察组织固有的色彩，特别是用于鉴别非金属夹杂物，提高组织衬度，观察非常小的粒子（超显微技术）。图4-18为经过热挤压后的砷铜在暗视场照明时具有红宝石色的氧化亚铜，不仅色彩丰富，而且组织衬度高。

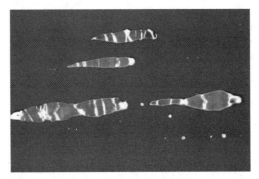

图4-18　铜中的氧化亚铜夹杂暗场像（1000×）

暗场观察时应注意以下几点：

（1）使用暗场观察时尽可能使用遮光罩，目的是阻止周围的光线入射。

（2）物镜顶端及试样表面的尘埃和缺陷会造成乱反射，影响暗场的效果，必须清洁此两个表面。

4.6.3　偏光

光是一种电磁波，属于横波（振动方向与传播方向垂直），并且光的振动在各个方向是均衡的。偏光（polarized light）照明是光在照射样本前产生平面偏振光的照明方式。偏振光的振动方向与光波传播方向所构成的平面称为振动面[1,2,4]，偏振光可利用偏振棱镜和人造偏振片来获得，目前偏振装置普遍采用人造偏振片。

4.6.3.1　直线偏振光产生

在偏光显微镜中能产生偏振光的偏振片叫起偏振镜，另外在起偏振镜后面还有一个检偏镜（检验光线是否为偏振光），如图4-19所示。

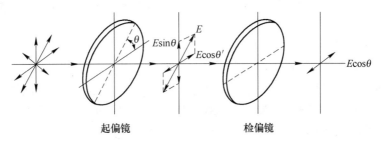

图4-19　直线偏振光分析图

4.6.3.2　显微镜的偏振装置

显微镜的偏振装置是在入射光路中加入一个起偏振片，在观察镜内加入一个检偏振片，就可以实现偏振光照明，如图4-20所示。

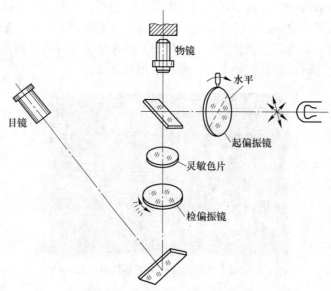

图 4-20　金相显微镜的偏振光装置示意图

4.6.3.3　偏振光装置的调整

（1）起偏镜的调整。起偏镜位置调整的目的，是使从垂直照明器半透反射镜上反射进入目镜的光线强度最高，且仍为直线偏振光，调整入射偏振光的振动面使之与水平面平行。为此，将抛得很光亮的不锈钢试样置于载物台上，除去检偏镜后，在目镜中观察聚焦后试样磨面上反射的强度，转动起偏镜，可以看到反射光强度发生微弱的明暗变化。反射光最强时即是起偏镜的正确位置。

（2）检偏镜的调整。起偏镜调整好后插入检偏镜。如欲调节两者为正交位置，则仍可用不锈钢抛光试样，聚焦成像后转动检偏镜，当目镜中看到完全消光时即为正交偏振位置。有时在偏振光金相观察和摄影时，尚需将偏振镜从正交位置略加调整，使检偏镜再作小角度偏转，以增加摄影衬度，其转动角度由分度盘读数表示出来。

（3）试样制备。在偏振光下研究的金相磨面要光滑无痕，且要求样品表面无氧化皮及非晶质层存在，由于机械抛光很难达到要求，所以用于偏振光研究的试样多采用电解抛光或化学抛光。

4.6.3.4　偏振光的应用

偏振光在金相研究的应用主要有以下几个方面：

（1）各向异性材料组织的显示。金属材料按其光学性能可分为各向同性与各向异性两类。各向同性金属一般对偏光不灵敏，而各向异性金属对偏光的反应极为灵敏，因而，在显示各向异性材料的组织显示中得到应用。

根据偏振光的反光原理，在各向异性的金属内部由于各晶粒的位向不同，干涉后的偏振光振动方向的偏转角度不同，在正交的偏光下则可以显示出不同的亮度，能清晰地显示若干精细的组织结构，如晶界、孪晶等。在偏光下晶粒的亮度不同，表明晶粒位向有差别，具有相同亮度的两个晶粒，有相同的位向。对各向异性的金属磨面经抛光后不腐蚀就可以看到明暗不同的晶粒，这一点对难以腐蚀出组织的材料来说，是十分有利的分析途径。例如，球墨铸铁的组织中的石墨属于六方点阵，是各向异性物质，在同一石墨球中具有许多不同的石墨晶粒，这些石墨晶粒在偏振光下可显示出不同的亮度，从而分辨出石墨晶粒的位相、形状和大小，如图 4-21 所示。而在普通光照射下只能看到黑暗的石墨球，不能分辨石墨的晶粒，如图 4-22 所示。

 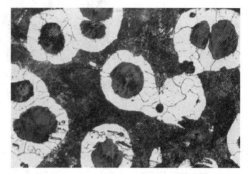

图 4-21　偏振光照明下的石墨球（500×）　　　　图 4-22　明场照明下的石墨球（200×）

（2）各向同性材料的组织显示。如果直线偏振光斜射到各向同性的试样表面上，由于位相的变化，可以通过正交偏振镜观察到明暗不同的晶粒。

（3）多相合金的相分析。如果在各向同性晶体中有各向异性的相存在，假如两相合金中一相为各向同性，另一相为各向异性，在正交偏光下，具有各向异性的相在暗的基体中很容易由偏振光来鉴别。同样，对两个光学性能不同的各向异性晶体或浸蚀程度不同的各向异性晶体，可由偏振光加以区分。

（4）塑性变形、择优取向及晶粒位向的测定。具有各向异性表面的金相试样上有足够的晶粒时，按统计分布原则，同一磨面上不同视野内观察到的明亮晶粒与暗黑晶粒反光强度的总和应该是相等的。多晶体在塑性变形或再结晶后，由于晶粒的择优取向，致使多晶体具有一致的光轴。因此，在正交偏振光下，整个视野明亮，或整个视野黑暗，趋近于单晶体的偏光效应。

（5）非金属夹杂物的鉴别。非金属夹杂物具有各种光学特性，如反射能力，透明度，固有色彩的均质性与非均质性等，利用偏振光就可观察到这些夹杂物的特性。

各向同性的夹杂物在正交偏光下，看到黑暗的消光现象，在转动载物台一周（360°）时，其亮度不发生变化。各向异性的夹杂物在正交偏光下不发生消光现象，在转动载物台一周（360°）时会看到四次消光现象和四次最亮现象，如氧化物夹杂在正交偏光下出现黑十字与彩色环效果见图 4-23。

在非金属夹杂物中，不少是透明并带有色彩的，但一般显微镜明场照明时，不能分辨出夹杂物的透明度及固有色彩。在正交偏光下，金属基体为各向同性，反射光被正交的偏振镜阻挡，呈黑暗的消光现象。而夹杂物与基体交界处的反光由于倾斜入射的结果而能透过正交的偏振镜，从而能够显示出夹杂物的本来面目。

4.6.4　微差干涉相衬

微差干涉相衬（Differential Interference Contrast，DIC）又称为偏光干涉衬度，其利用光束分割双石英棱镜的显微术。将改良的涅拉斯顿棱镜置于物镜之前，并且在 90°的截面

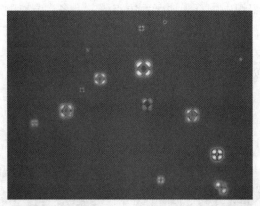

图 4-23　　氧化物夹杂在正交偏光下出现黑十字与彩色环效果（200×）

位置配备起偏器和分析仪，使两束在物体聚焦面重合，渲染高度差使观察到颜色变化，通过移动物镜可以改变干涉像通过牛顿色范围内。它不仅可观察试样表面更细微的凹凸，由于试样表面所产生的附加光程差，使映像具有立体感，并随干涉光束的光程差的变化对不同的组织进行着色，大大提高了组织衬度。

　　微分干涉相衬是利用偏光干涉原理，其光路可分为透射式与反射式两种，金相分析常用反射式。光路中主要包括起偏镜、检偏振镜、涅拉斯顿棱镜、聚光镜、物镜、目镜等，图 4-24 为微分干涉相衬装置原理图。光源发出一束光线经聚光镜射入起偏镜，形成一线偏振光，经半透反射镜射入涅拉斯顿棱镜后，产生一个具有微小夹角的寻常光（O 光）和非常光（e 光）的相交平面；再通过物镜射向试样，反射后再经涅拉斯顿棱镜合成一束光，经过半透反射镜在检偏镜上 O 光与 e 光重合产生相干光束，在目镜焦平面上形成干涉图像[4]。

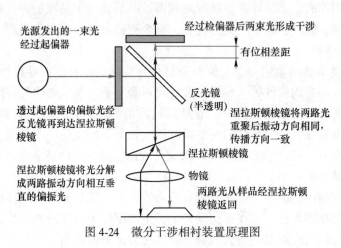

图 4-24　微分干涉相衬装置原理图

　　微差干涉相衬（DIC）在金相分析中的应用主要显示一般明场下观察不到的某些组织细节，如相变浮凸、铸造合金的枝晶偏析、表面变形组织等。利用不同相能呈现不同颜色的特点，可作为相鉴别的依据，特别适应分析复杂合金的组织。此外，DIC 装置在晶体生长、矿物鉴定等方面也有广泛的用途，在高温显微技术中是一个非常有用的工具。图4-25是 Al-Fe-Mg-Mn 合金未经腐蚀在 DIC 照明下观察到的组织，由图可见组织衬度很好，枝晶明显可见，化合物立体感很强，三种组织清晰可辨。

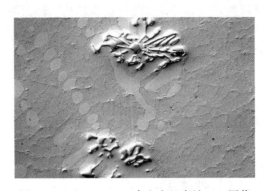

图 4-25　Al-Fe-Mg-Mn 合金未经腐蚀 DIC 图像

使用微分干涉相衬装置时应注意的事项有：

（1）因为微分干涉差检测灵敏度高，要特别注意检查试样表面有无污物；

（2）由于在检测灵敏度上有方向性，最好使用旋转载物台。

实　　验

一、实验目的

1. 熟悉金相显微镜的基本组成及成像原理。

2. 掌握金相显微镜的使用方法。

3. 比对明场、暗场、偏光、以及微分干涉衬度对金相组织显示的效果，进一步了解金相显微镜的作用。

4. 掌握数码摄影技术。

二、实验内容

1. 观察显微镜的结构、了解各部件的作用，并绘制显微镜的光路示意图。

2. 安装显微镜的物镜、目镜，调好孔径光阑与视野光阑，对已制备好的金相试样进行分析观察。

3. 绘制所观察到的金相显微组织特征图。

4. 对给定样品在大型金相显微镜下，进行不同显微技术（明场、暗场、偏光、相衬、干涉以及微分干涉衬度）的观察与分析。

5. 采用数码摄影方法对所观察的组织进行拍照。

三、实验报告

1. 写出实验目的、实验设备。

2. 描述实验过程。

3. 绘制制备好的金相显微组织特征图，并对观察到的金相显微组织进行分析讨论。

思政之窗：借助于光学金相显微镜不仅能解释材料微观组织结构决定材料的服役条件和使用范围，还能展现材料微观世界美轮美奂的组织结构。通过材料艺术作品欣赏，让学生认识到"一个懂得审美的社会，才能孕育出经典的文化艺术硕果"的道理。

德育目标：培养材料科学文化素养、人文精神和审美意识。

思 考 题

1. 光学金相显微镜主要由哪几部分组成，各部分又由哪几个零件组成？
2. 什么是像差，有几大类，各产生的原因是什么，如何校正？
3. 绘图说明显微镜的几何放大原理。
4. 物镜的主要特性指标有哪些，各用什么符号表示？
5. 显微镜物镜、目镜各有哪几种，其特征是什么，它们是如何配合使用的？
6. 绘图说明明场与暗场照明的原理，并说明暗场照明的优缺点。
7. 什么是像素？
8. 传统的金相摄影与数码摄影比较，各有何优缺点？
9. 显微镜在使用和维护中，应该注意哪些事项？
10. 试举例说明偏光显微镜在材料研究中的应用。
11. 简述微分干涉衬度像形成的原理。
12. 试举例说明微分干涉衬度技术在材料研究中的应用。

参 考 文 献

[1] 沈桂琴．光学金相技术［M］．北京：北京航空航天大学出版社，1992.
[2] 孙业英．光学显微分析［M］．北京：清华大学出版社，2003.
[3] 葛利玲．材料科学与工程基础实验教程［M］．2 版．北京：机械工业出版社，2019.
[4] 任颂赞，叶俭，陈德华．金相分析原理及技术［M］．上海：上海科学技术文献出版社，2013.

扫码获得
数字资源

5 定量金相及图像分析

材料的显微组织特征与性能存在着密切的联系，这些显微组织特征包括晶粒尺寸、位错密度、相的相对量、相的几何形状和分布、第二相粒子大小等。例如，晶粒尺寸减小，屈服强度增加；位错密度增加，流变应力增加，硬度提高。然而，仅仅通过显微组织特征的定性分析来对材料某些性能进行解释，不能明确地表达材料显微组织和性能之间的关系，因此对显微组织进行定量表征，具有十分重要的意义。

定量金相是指采用体视学和图像分析技术等，对材料的显微组织进行定量表征（如测估晶粒尺寸、各相的含量、第二相的大小、数量、形状及其分布特征等）的一类金相技术[1]。利用定量金相的方法测量计算组织中相应组成相的特征参数，建立组织参数、状态、性能之间的定量关系，寻找其变化规律，从而可以达到合理设计合金、预报、控制、评定材料性质及质量的目的。

体视学原理是定量金相的重要基础。金属材料一般都是不透明的，因此难以直接观察到三维显微组织，只能首先测量二维截面上或从薄膜透射投影的二维组织图像上的显微组织的有关几何参数，再利用严格的数学方法，来推断三维空间的几何参数。这种建立从组织的截面所获得的二维测量值与描述着组织的三维参数之间的关系的数学方法的科学，就是体视学的原始定义[2]。体视学（stereology）一词自1961年问世以来，至今已形成多种定义，但其基本定义的核心内容应保持为"研究立体或三维（stereo-）结构的科学"[3]。体视学是建立在统计数学、几何概率、曲线和曲面理论、微分几何等学科基础上的，广泛应用于生物医学、材料科学、图像科学、冶金学、建筑学、工业、农业等领域[2]。

在材料科学领域中，定量金相的测量方式包含半定量测量和定量测量。金相比较法是利用标准图片，通过比较，对显微组织进行评级的方法。这种方法起始于20世纪20年代，由于操作简捷、实用，目前仍广泛纳入晶粒度、夹杂物、共晶碳化物、石墨等评级的国际标准或国家标准。测量时在与标准图一致的放大倍率下观察视场，与标准图进行比较，判定等级。由于观察和比较带有主观性，评定结果偏差较大，故归为半定量测量。

以下主要介绍定量测定方法。

5.1 定量金相原理

5.1.1 基本符号

定量金相的基本符号采用国际通用的体视学符号，见表5-1。定量金相测量的是点数、线长、平面面积、曲面面积、体积、测量对象的数目等，分别用 P、L、A、S、V 和 N 来表示。

表 5-1　定量测量中常用参数符号

P	N	A	S	V	L
点数（组织或交点）	物体数	平面面积	曲面面积	体积	线段长度

实际使用时都用复合符号，如 P_P、P_L、P_A、P_V、…，用来表示各种参数所占的分数量，其中大写字母表示某种参数，注脚字母表示测试量。例如 S_V 表示单位测试体积中测量对象（如晶界、相界）的表面积，即 $S_V = S/V_T$，其中 S 是测量对象的面积，V_T 是测试体积。也就是说：定量金相的测量结果常用测量对象的量与测试用的量的比值来描述，用带下标的符号表示。例如，$N_A = \dfrac{测量对象个数}{测量用的面积}$ 表示单位测量面积上测量对象的数目；同理，P_L 表示单位长度测量线和测量对象的交点数，其他符号依此类推。因每一个符号均表征一定的几何单元，故各复合符号的量纲也是一致的。表 5-2 列出了各基本符号及定义。

表 5-2　体视学常用参数

符号	量纲	定　义
P_P	—	测量对象落在总测试点上的点分数
P_L	mm^{-1}	单位长度测量线上的交点数
P_A	mm^{-2}	单位测量面积上的点数
P_V	mm^{-3}	单位测量体积中的点数
L_L	mm/mm	单位长度测量线上测量对象的长度
L_A	$mm/mm^2(mm^{-1})$	单位测量面积上的线长度
L_V	$mm/mm^3(mm^{-2})$	单位测量体积中的线长度
A_A	mm^2/mm^2	单位测量面积上测量对象所占的面积
S_V	$mm^2/mm^3(mm^{-1})$	单位测量体积中所含有的表面积
V_V	mm^3/mm^3	单位测量体积中测量对象所占的体积
N_L	mm^{-1}	单位测量线长度上测量对象的数目
N_A	mm^{-2}	单位测量面积上测量对象的数目
N_V	mm^{-3}	单位测量体积中测量对象的数目
$\bar{L}$	m	平均截线长度，等于 L_L/N_L
$\bar{A}$	mm^2	平均截面积，等于 A_A/N_A
$\bar{S}$	mm^2	平均曲面积，等于 S_V/N_V
$\bar{V}$	mm^3	平均体积，等于 V_V/N_V

5.1.2　基本公式

将材料显微组织的三维几何特征与体视学测量联系起来，经推导可得以下定量金相常用的几个基本公式：

$$V_V = A_A = L_L = P_P \tag{5-1}$$

$$S_V = \frac{4}{\pi}L_A = 2P_L \tag{5-2}$$

$$L_V = 2P_A \tag{5-3}$$

$$P_V = \frac{1}{2}L_V S_V = 2P_A P_L \tag{5-4}$$

式（5-1）表明，组织中被测相的体积分数 V_V，等于其任意代表截面上该相的面积分数 A_A，又等于其截面上该相在任意的测量线上所占的线段分数 L_L，还等于在截面上随意放置的测试格点落到该相上点的数目与总测试格点数之比 P_P；式（5-2）表明，通过测量单位测量面积上的线长度 L_A 或单位长度测量线上的交点数 P_L，可以计算单位体积中被测相的表面积；式（5-3）表明，通过测量单位测量面积中被测相所占的点数 P_A，可以计算出单位测量体积中的线长度 L_V；式（5-4）表明，只要测 P_A、P_L，便能确定 P_V。

上述这些关系式是经过严格的数学推导而来的，对显微组织的大小、间距等不作任何的简化假设，因此具有普遍适用性。表 5-3 列出了定量金相一些常用基本量之间的关系。表中画圆圈的量是可以直接测量得到的，如 P_P、P_L、P_A、P_V、L_L、A_A；另外一些画方框的量是三维参数，如 V_V、S_V、L_V、P_V，不可直接测量，只能通过上述的基本公式从其他测定量中计算出来。表中箭头表示通过公式可以从一个量推算出另一个量。

表 5-3　定量金相基本量之间的关系

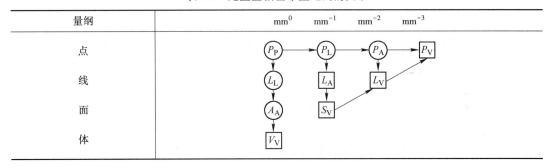

5.2　定量金相的基本测量方法

定量金相测量的方法可分为计点分析法、线分析法和面积分析法，也可将计点分析法和线分析法结合起来。

5.2.1　计点分析法

计点分析法（网格数点法）是以点为测量单元，通过在二维截面上计算测量对象（相或组织）落在总测试点上的点分数 P_P，即可得到该测试对象的体积分数。

通常可以利用金相显微镜目镜中二维的测试网格来实施人工数点测量。网格中交叉直线的交点就是测试点，在最佳放大倍数下的视场中，数出落在测试对象上的交点个数 P_α。根据测量精度要求，一般要选取多个视场进行测量，可以按下式计算 P_α：

$$P_P = \frac{\sum P_\alpha}{P_T} = \frac{\sum P_\alpha}{nP_0} = V_V \tag{5-5}$$

式中，n 为测量的视场个数；P_0 为一个视场内网格交点总数；P_T 为测试用的总点数。测量得到 P_α 以后，根据式（5-1）则可得出测量对象的体积分数 V_V。

网格点数法所使用的网格间距为 4×4、5×5、7×7、8×8、10×10 等网格，可以使用透明薄膜自行制备，测量时将其覆盖在显微组织照片上，也可以将网格装在目镜中。测量时要求选择多个有代表性的视场，并且被测对象显示清晰。同时要选择适当的放大倍数和网格点的密度，使得在一个被测试对象上最多落上一个网格点。测量网格的间距与被测物对象大小之间应接近。当体积分数较少时，应选择格点密度较高的网格，对于接近于 50% 的体积分数用 25 格点的网格较好。

5.2.2　线分析法

线分析法（网格截线法）是指以线段为测量单元，测量单位长度测量线上交点数 P_L 或物体个数 N_L。线分析法的测试用线可以是平行线组，也可以是一组同心圆。测量时将测试线重叠在被测对象上，测量测试线与被测对象的交点数 P 及被测对象截割的线段长度 L。已知测试平行线组或测试圆周线的总长度为 L_T，即可求出单位测试线上被测相的点数 P_L 及长度 L_L。

$$L_L = \frac{\sum L_\alpha}{L_T} = V_V \tag{5-6}$$

式中，$\sum L_\alpha$ 为测量对象被随机配置的测试线所截取的线段总和；L_T 为测试用线总长。

测量单位测试线截获的物体数 N_L 的方法与测 P_L 及 L_L 相似，只是以截获的颗粒数代替交点数，并允许外形不规则的颗粒可以被测试线截获一次以上。

对于单相组织，$P_L = N_L$，如图 5-1a 所示。测试线所截获的晶粒间交点数 P_L 和截获的晶粒数 N_L 都为 8。当被测相为第二相粒子时，$P_L = 2N_L$，如图 5-1b 所示，测试线截获的相界交点数 $P_L = 8$，截获第二相的颗粒数 $N_L = 4$。

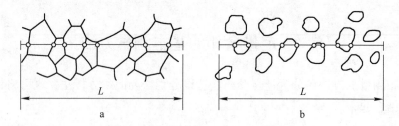

图 5-1　网格截线法求 P_L 和 N_L

a—单相组织；b—α 相粒子分布在基体上

5.2.3　面积分析法

在二维的金相截面上测定待测对象（组织、相等）的面积分数 A_A，就可以得到该待测对象的体积分数 V_V。即

$$A_A = \frac{\sum A_\alpha}{A_T} = V_V \tag{5-7}$$

式中　$\sum A_\alpha$ ——待测对象的总面积；

　　　A_T ——总的测量面积。

5.3　显微组织特征参数测量举例及误差分析

晶粒大小的概念一般采用晶粒直径或晶粒度数值来表示。

5.3.1　平均截线长度

用晶粒直径表示晶粒大小时，一般用平均截线长度来表示。平均截线长度是指任意测试直线穿过晶粒所得到的截线长度的平均值。三维晶粒的平均截线长度用 L_3 表示，在晶粒二维截面上的平均截线长度用 L_2 表示，当测量次数足够多时，$L_2 = L_3$。

对于单相多晶体晶粒

$$L_3 = L_2 = \frac{2}{S_V} = \frac{1}{P_L} \tag{5-8}$$

对于第二相粒子

$$L_3 = \frac{4V_V}{S_V} = \frac{2P_P}{P_L} \tag{5-9}$$

5.3.2　晶粒度

用晶粒度表示晶粒大小时，晶粒度的测定通常使用与标准系列评级图进行比较的方法，这种比较法只能粗略估计晶粒的大小。根据 GB/T 6394—2017 规定，晶粒度的计算公式为：

$$N = 2^{G-1} \tag{5-10}$$

式中　N ——放大 100 倍时每平方英寸（645 mm²）包含的晶粒个数；

　　　G ——晶粒度级别。

换算成每平方毫米的晶粒个数 N_A 时：

$$G = \frac{\lg N_A}{\lg 2} - 3 \tag{5-11}$$

因此，只要测出每平方毫米的晶粒个数 N_A，即可求出晶粒度级别。

5.3.3　误差分析

任何测量总是不可避免地存在误差，测量设备的选择、测量方法和测量环境的变化、操作人员的习惯等都会给测量结果带来误差。测量误差是系统误差和偶然误差的综合结果，系统误差是指测量体系中某些固定因素引起的误差，偶然误差是指在相同条件下多次测量时，不可预定变化的误差。

系统误差是固定的，高斯推导出偶然误差分布规律的数学表达式，证明大多数测量的偶然误差都服从正态分布，用标准误差 σ 作为表征其概率分布的特征参数。标准误差 σ 的数值小，说明单次测量数据对平均值的分散度小，测量的可靠性大，即测量精度高，反之亦然。在实际的误差分析中，标准误差 σ 是最重要和最常用的误差评定指标，计算公式为

$$\sigma = \sqrt{\frac{\sum_{i=1}^{n}(x_i - \bar{x})^2}{n-1}} \qquad (5\text{-}12)$$

式中　x_i——第 i 次的测量值；

　　　$\bar{x}$——测量值的算术平均值；

　　　n——测量次数。

当测量次数 n 无限大时，$n \approx n-1$，于是

$$\sigma = \sqrt{\frac{\sum_{i=1}^{n}(x_i - \bar{x})^2}{n}} \qquad (5\text{-}13)$$

在多次测量中是以算数平均值 $\bar{x}$ 作为测量结果的，但是算数平均值对于真值具有不可靠性和一定的分散性，因此采用算数平均值的标准误差作为其不可靠和分散程度的评定标准，计算算数平均值标准误差的公式为

$$\sigma(\bar{x}) = \frac{\sigma}{\sqrt{n}} \qquad (5\text{-}14)$$

可见，测量次数 n 越多，所得的算术平均值就越接近真值，测量的精度也就越高。

5.4　图像分析技术在定量金相中的应用

定量金相过程中涉及大量的测量工作，例如，采用计点分析法时，通常利用金相显微镜目镜中的二维测试网格来实施人工数点测量。然而，人工测量费时、枯燥、工作量大。早期，图像分析仪曾一度用于金相照片的获取、图像处理与分析。图像分析仪主要由成像系统、图像处理与分析系统、输出外围系统组成。随着计算机硬件和软件的迅速发展，目前除了显微镜成像系统自带的简单图像处理与分析工具外，一些专门的图像处理和分析软件也发展迅速。

图像分析是利用数学模型并结合图像处理的技术来分析图像的底层特征和上层结构，从而提取具有一定智能性的信息过程。图像主要指数字图像，其获取主要是利用数码照相机等设备。目前，金相实验室获取的金相照片都已经是按照数字格式进行的存储，因此图像分析之前不需进行特殊的操作。而若是分析前人留存的实物照片，则还需利用扫描仪等进行数字化转换。

图像处理技术是图像分析的基础。对采集来的金相照片进行金相分析时，应首先对图像进行预处理，包括图像的清洁、图像复原、图像增强等。这是由于采集条件的不同，很难保证金相照片符合分析要求。对于批量分析的照片，要保证一致性。这也需要应用图像

处理技术进行预备处理。

完成了图像的清洁，使图像达到可以分析的程度后，即可进行图像分析。定量金相中的图像分析主要是测量工作。要想对金相照片中的待测对象进行测量，首先要进行图像分割，即将图像中的感兴趣区域（Region of Interest，ROI）从其背景区分出来。对于图像分析而言，这是最重要的一步，有时也是最难的一步。图像分割的方法有许多种，如基于边界的分割、基于灰度的分割（阈值法）、基于区域的分割（区域生长）等。这些方法各自原理不同，需要在定量金相图像分析时按照情况合理选择。

图像分割完毕后，剩余的工作基本上就是图像测量工作。图像分割的结果一般是二值化的数字图像，此时，对图像进行面积测量是一项非常简单的工作。例如，利用 $V_V = A_A$ 测量第二相粒子的体积分数，在二维截面上，用计算机计量出二值化图像中黑白二色像素各占多少，即可迅速得到 A_A 的值。

可见，应用图像分析进行定量金相关键点还是在图像分割方面。一般情况下，图像分割精确度高，测量结果可靠性也高。有时还可以利用数学形态学的方法对二值图像进行适当的处理以进一步提高精度。

定量金相的图像分析显然需要计算机软件的协助。除了专门软件之外，当前一些常用的图像处理软件如 Adobe Photoshop 等大都能或多或少的实现图像分析任务。其他一些常用的分析软件如 Image Tool、Image Pro Plus、Image J 等对图像分析来说更为实用。定量金相过程中有时也需要用到一些更为深入的图像分析技术、如滤波、傅里叶变换等。这些可以参考更为专业的图像处理、图像分析书籍。相关资料的获取都很方便。

实　　验

一、实验目的

1. 了解什么是体视学，掌握体视学基本原理与实际测量方法。

2. 掌握材料显微组织中给定相的体积分数、粒子的平均截线长度、单位体积内晶界面积等参数的定量实验测估。

二、实验内容

1. 球墨铸铁中石墨相的体积分数和平均截线长度的测量（人工计点法）。

2. 单相多晶体内晶粒平均截线长度和单位体积内晶界面积的测量（人工计点法）。

3. 球墨铸铁中石墨相的体积分数测量（自动图像分析法）。

三、实验样品与实验设备

待测样品：

1. 磨制抛光但未浸蚀的球墨铸铁金相样品 1 块（其中的石墨在空间各向同性随机均匀分布）；

2. 磨制浸蚀好的退火纯铁（或纯铝）金相样品 1 块（为各向同性单相多晶体组织）；

　　3. 采用上述样品拍照并洗印或打印的显微组织照片一套（对于原样品显微组织有代表性，放大倍数要合适）。

　　实验仪器：

　　1. 目镜带测试网格的金相显微镜（与金相样品配合使用）。

　　2. 金相显微镜用测微尺。

四、实验报告要求

　　1. 写出实验目的、实验设备。

　　2. 描述实验过程。

　　3. 对实验结果进行分析讨论。

　　思政之窗：材料微观组织从定性表征走向定量表征，是未来材料高质量发展的保障。

　　德育目标：科学精神。

思 考 题

1. 什么是体视学，体视学测量中常用参数符号有哪些？

2. 体视学基本关系式以及主要设备有哪些？

3. 什么是定量金相分析，包含几种方式？

4. 图像分析技术的基本原理是什么？

5. 定量测量一块单相多晶体样品的平均晶粒尺寸，若准备采用人工计点法，在金相样品制备时应注意哪些问题？若准备采用自动图像分析法，又需要注意哪些问题？

6. 对于一块过共析钢，如果采用人工计点法测定奥氏体晶粒的平均尺寸，应如何制备金相样品？

7. 结合思考题 5、6，分别写出合理的金相样品制备、显微镜使用、体视学公式应用的系列步骤以及对实验报告的主要要求。

参 考 文 献

[1] 材料科学技术名词审定委员会. 材料科学技术名词 [M]. 北京：科学出版社，2011.

[2] 余永宁，刘国权. 体视学-组织定量分析的原理和应用 [M]. 北京：冶金工业出版社，1989.

[3] 中国科学技术协会. 2012~2013 体视学学科发展报告 [R]. 北京：中国科学技术出版社，2014.

6 显微硬度及其应用

硬度（hardness）是用材料抵抗压入或刻刮的性质来衡量固体材料软硬的力学指标[1]。如布氏硬度、洛氏硬度、维氏硬度等，是金属材料力学性能中一项重要的指标。硬度测定是指把一定的形状和尺寸的较硬物体（压头）以一定压力接触材料表面，测定材料在变形过程中所表现出来的抗力。与其他力学性能的测试方法相比，硬度试验具有下列优点：试样制备简单，可在各种不同尺寸的试件上进行试验，试验后试样基本不受破坏；设备简便，操作方便，测量速度快；硬度与强度之间有近似的换算关系，根据测出的硬度值就可以粗略地估算强度极限值。所以硬度试验在实际中得到广泛的应用。

显微硬度（microhardess）是在材料显微尺度范围内测定的硬度。例如对单个晶粒、析出相、夹杂物或不同组织组成物进行检验的硬度值[1]。通常压入载荷大于 9.81 N（1 kgf）时测试的硬度为宏观硬度，压力载荷小于 9.81 N（1 kgf）时测试的硬度为微观硬度。前者用于较大尺寸的试件，反映材料宏观范围性能；后者用于小而薄的试件，以及显微试样反映微小区域的性能，如显微组织中不同相的硬度、材料表面的硬度等。因此，显微硬度是金相分析中常用的测试手段之一。

6.1 显微硬度的测量原理

显微硬度的测量原理是用压痕单位面积上所承受的载荷来表示的，一般用 HV 表示[2]。

6.1.1 压头类型

显微硬度测试用的压头有两种：

一种是和维氏硬度压头一样的两面之间的夹角为 136°的金刚石正四棱锥压头，如图 6-1 所示。这种显微硬度也叫显微维氏硬度，按照加载的力（kgf）来进行计算，其计算公式为：

$$HV = 1.8544p/d^2 \tag{6-1}$$

式中 p——载荷，kgf；

d——压痕对角线长度，mm。

显微硬度值与维氏硬度值完全一致，计算公式差别只是测量时用的载荷和压痕对角线的单位不同造成的。

另一种压头叫克努普（Knoop）金刚石压头（又称努氏压头），它的压痕长对角线与短对角线的长度之比为 7:1，如图 6-2 所示。克努普显微硬度值为按照加载的力（kgf）来进行计算，其计算公式为：

$$HK = p/A = 14.229p/L^2$$

式中 p——载荷，kgf；

L——压痕长对角线长度，mm。

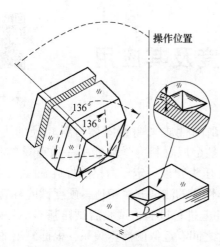
图 6-1　金刚石棱锥体压头

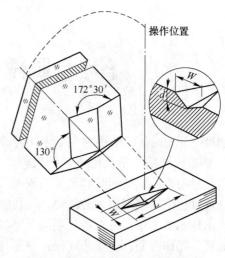
图 6-2　克努普（Knoop）金刚石压头

这两种压头获得的压痕形貌分别见图 6-3 和图 6-4。维氏压痕深度 = 1/7 对角线长度，努氏压痕深度 = 1/30 对角线长度，两种压痕深度比较见图 6-5。因此，努氏硬度压痕窄且浅，适应于高硬度、薄层、组织中第二相硬度测定。

图 6-3　维氏压痕形貌

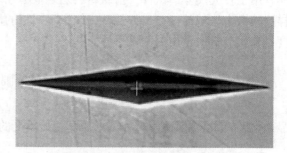
图 6-4　克努普（Knoop）压痕形貌

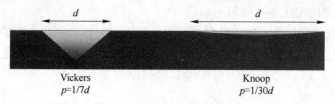
图 6-5　维氏压痕深度与克努普压痕深度比较

在同样试验载荷下，维氏硬度压痕深度是努氏硬度压痕深度的 4~5 倍。当两种硬度的压痕深度相同时，努氏硬度试验载荷是维氏硬度载荷的 2.39 倍。努氏硬度检测特别适用于涂层及其他脆性材料，但努氏压痕窄长形状使得尖端的清晰度较差，测量值往往偏低，导致硬度值偏高，维氏压痕对角线测量误差发生概率差不多。努氏硬度检测对表面状态更敏感，样品制备要求更高。

6.1.2　维氏显微硬度值

显微硬度值以单位压痕凹陷面积所承受的载荷作为计量指标，单位为 MPa。压痕面积计算方法随压头几何形状的不同而异。硬度值与压痕对角线间的关系可通过几何关系导出。

维氏显微硬度值用 HV 表示。

$$HV = 0.102 \frac{F}{A}$$

式中，F 为压头承受的载荷，N；A 为压痕面积，mm^2。

以 d 表示压痕对角线长度，锥体两相对面间夹角 $\alpha = 136°$。

$$HV = 0.102 \frac{F}{\dfrac{d^2}{2\sin\dfrac{\alpha}{2}}} = 0.1891 \frac{F}{d^2}$$

压痕深度约为 $\dfrac{1}{7}d$。

可见，显微硬度测试时要根据试样的厚度来选择力的大小，测试力大了可能打穿或产生底部效应；测试力小了，会影响检测精度。因此，只有了解其间的关系，并利用计算公式做合理的选用才能得到理想的测试结果。显微硬度试验试样的最小厚度见表 6-1。

表 6-1 显微硬度试验试样最小厚度 （mm）

载荷/N	硬度/HV								
	900	800	700	600	500	400	300	200	100
0.4903	0.015	0.016	0.017	0.019	0.020	0.023	0.026	0.032	0.046
0.9807	0.021	0.022	0.024	0.026	0.028	0.032	0.036	0.045	0.065
1.961	0.030	0.032	0.035	0.036	0.041	0.046	0.053	0.065	0.091
2.943	0.037	0.040	0.042	0.046	0.050	0.056	0.065	0.079	0.102
4.9035	0.040	0.051	0.055	0.059	0.065	0.072	0.083	0.102	0.144
9.807	0.068	0.072	0.077	0.083	0.091	0.102	0.118	0.144	0.200

显微维氏硬度也可通过检测力和压痕对角线长度查表获得（请查阅《金属硬度检测技术手册》）。

6.1.3 硬度值的表示及结果处理

（1）硬度值测试时，一般测试 3~5 个点，测试结果为它们的算数平均值。

（2）硬度值的书写。例如 500HV 0.1 表示用 0.1 kgf（0.9807 N）的试验力，保压时间为 5~15 s（标准时间），其显微硬度值为 500HV。500HV0.1/30 表示用 0.1 kgf（0.9807 N）的试验力，保压时间为 30 s，其显微硬度值为 500HV。

（3）硬度值不小于 100 时，修正至整数；小于 100~10 时，修约至一位小数；小于 10 时，修约至两位小数。

6.2 　显微硬度计的构造及使用

显微硬度计由显微镜和硬度计两部分组成。显微镜用来观察显微组织，确定测试部位，测定压痕对角线的长度；硬度测试装置则是将一定的载荷加在一定的压头上，压入所确定的测试部位[3]。

6.2.1 　构造

显微硬度计主要由支架部分（机身）、载物台、负荷机构、显微镜系统四部分组成。图 6-6 为 MH-6 型显微硬度计的结构图。

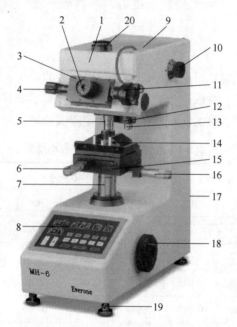

图 6-6 　MH-6 型显微硬度计构造示意图

1—主体；2—目镜；3—测量显微镜；4—测量旋钮；5—物镜（40×）；6—Y 轴测微尺；7—物台升降丝杠；

8—控制面板；9—顶盖；10—载荷选择旋钮；11—编码器；12—塔台；13—压头罩；14—精密台钳；

15—X-Y 载物台；16—X 轴测微尺；17—背板；18—载物升降手柄；19—水平调整脚；20—接 CCD 光路上盖

加载荷重机构是显微硬度计的重要组成部分，目前都采用自动加载和卸载机构。显微镜部分由镜筒物镜和目镜组、机械调节及照明装置组成。显微镜用粗调和微调旋钮调节焦距，在微调旋钮上有刻度，指示显微镜上下调节的距离，每小格相当于 0.002 mm。镜筒上装有倾斜的观察镜筒及 10× 的螺旋式测微目镜。在显微摄影时可换用直射摄影镜筒。显微镜配有两个物镜 10× 及 40× 和一个目镜（10×），显微放大倍数为 100× 及 400×。螺旋式测微器用来测量压痕对角线的长度。测微器上有 100 个小格。

6.2.2 　测试方法与注意事项

不同类型的显微硬度计，其操作方法有所不同，自动化程度也不同。因此，应按照每一类型显微硬度计的操作规程进行操作。

6.2.2.1　检测前的准备

（1）显微维氏硬度测试的硬度计和压头应符合 GB/T 4340.2—2009 的规定。

（2）室温一般控制在 10～35 ℃。对精度要求高的检测，应控制在（23±0.5）℃内。

（3）硬度计本身会产生两种误差：一是其零件的变形、移动造成的误差；二是硬度参数超出规定标准所造成的误差。对第二种误差，在测量前需用标准块对硬度计进行校准，一般标准块至标定日起一年内有效。

6.2.2.2　试样要求

（1）试样表面应平坦光洁，最好制备试样时采用合适的抛光或进行电解抛光。

（2）试样或检验层厚度至少应为压痕对角线长度的 1.5 倍。

（3）试样特小或不规则时，应将试样镶嵌或用专用夹具夹持后再进行测试。

6.2.2.3　检测方法

（1）在更换压头或砧座时，注意接触部位要擦干净。换好后，要用一定硬度的钢样测试几次，直到连续两次所得硬度值相同为止。目的是使压头或砧座与试验机接触部分压紧，接触良好，以免影响试验结果的准确性。

（2）硬度计调整后，开始测量硬度时，第一个测试点不用。以免试样与砧座接触不完全，测得的值不准确。待第一点测试完，硬度计处于正常运行状态后再对试样进行正式测试，记录测得的硬度值。

（3）试验力的选择。根据试样硬度、厚度、大小等情况或工艺文件的规定，选用相应的检测力进行试验。具体可按 GB/T 4340.1—2009 执行。

（4）试验加力时间。从加力开始至全部检测力施加完毕的时间应为 2～10 s。对于小负荷维氏和显微维氏硬度试验，压头下降速度应不大于 0.2 mm/s。试验力保持时间为 10～15 s。对于特别软的材料保持时间可以延长，但误差应在 ±2 s 之内，并要在硬度值的表示式中注明。

（5）压痕中心至试样边缘距离，对钢、铜及铜合金至少应为压痕对角线长度的 2.5 倍；轻金属、铅、锡及其合金至少应为压痕对角线长度的 3 倍。两相邻压痕中心之间距离，对于钢、铜及铜合金至少应为压痕对角线长度的 3 倍；对于轻金属、铅、锡及其合金至少应为压痕对角线长度的 6 倍。

（6）在试件允许的情况下，一般选不同部位至少测试三个硬度值，取平均值作为试件的硬度值。

（7）当试验面上出现压痕形状不规则或畸形时其结果无效。

（8）对形状复杂的试件要采用相应形状的垫块，固定后方可测试。对圆试件一般要放在 V 形槽中测试。

（9）加载前要检查加载手柄是否放在卸载位，加载时动作要轻稳，不要用力太猛。加载完毕加载手柄应放在卸载位置，以免仪器长期处于负荷状态，发生塑性变形，影响测量精确度。

（10）应注意零位校正和用标准块作误差校正。

6.3　影响显微硬度值的因素

因为显微硬度测试力小，压痕小，容易出现误差。影响显微硬度值准确性的因素很多，主要因素有以下几方面：

（1）试样制备。显微试样制备过程中，会因磨削使表面塑性变形引起加工硬化，这会对显微硬度值产生很大的影响（有时误差可达 50%），低载荷下更为明显。因此试样在制备过程中，要尽量减少表面变形层，特别对软材料，最好采用电解抛光。

（2）加载的部位。压痕在被测晶粒上的部位及被测晶粒的厚度对显微硬度值均有影响。在选择测量对象时应选取较大截面的晶粒，因为较小截面的晶粒厚度可能较薄，测量结果可能会受晶界或相邻第二相的影响。

（3）载荷。根据试样的实际情况，选择适当的荷载，在试样条件允许的情况下，尽量选择较大的载荷，以得到尽可能大的压痕，并且压痕大小要与晶粒大小成比例，尤其是在软基体上测硬质点时，被测硬质点的截面直径必须是压痕对角线长度的 4 倍，否则将可能得到不精确的测量数据。此外，测定脆性相时，高载荷可能出现"压碎"现象，角上有裂纹的压痕表明载荷已超过材料的断裂强度，因而获得的硬度值是不准确的。

由于弹性变形的回复是材料的一种性能，对于任意大小的压痕其弹性回复量几乎一样，压痕越小弹性回复量占的比例就越大，显微硬度值也就越高。在同一试样中，选用不同的载荷测试得出的结果不完全相同，一般载荷越小，硬度值波动越大。所以同一试验，最好始终选相同的载荷，以减少载荷变化对硬度值的影响。布科（Buckle）提出的四类加载范围可供参考[4]：

铝合金：1~5 g

软铁镍：5~15 g

硬钢：15~30 g

碳化物：30~120 g

（4）压头。压头的几何形状会对硬度值准确性有影响。压头的四个三角形工作面应光滑、平整并有一定的粗糙度。在使用过程中压头受到损坏，如顶角磨损、表面出现裂纹、凹陷或压头上粘有某些其他物质，都会使压痕边缘粗糙和不规则，增大测量误差，影响测量结果。

（5）加载速度和保载时间。硬度定义中的载荷是指静态的含义，但实际上一切硬度试样中载荷都是动态的，是以一定的速度施加在试样上的，由于惯性的作用，加载机构会产生一个附加载荷，因此加载速度过快，会增大压痕，使显微硬度值降低。为了消除这个附加载荷的影响，在施加载荷时应尽可能以平稳、缓慢的速度进行。一般载荷越小，加载速度的影响就越大，当载荷小于 100 g 时，加载速度应为 1~20 μm/s。

塑性变形是个过程，完成这个过程需要一定的时间，只有载荷保持一定的时间，由压头对角线长度所测出的显微硬度值才能接近材料的真实硬度值。大量试验表明，加载后保压时间 5~10 s 后即可卸载进行测量。

（6）振动。振动是试验中经常遇到但又很难察觉的问题。振动会减少压头与试样之间的摩擦，有利于压入，使压痕尺寸增大，从而降低硬度值。

（7）测量显微镜的精度以及个人操作因素。测微目镜的测量精度不够，会造成压痕对角线的测量误差，影响其硬度值。个人操作不当、缺乏经验等因素也会影响测量精度。因此，显微硬度测试是一项细致、费时的操作。

6.4 显微压痕异常判别

维氏硬度值和压痕对角线长度的关系公式是根据压头是一个理想的正方四棱锥体垂直压入试样表面所形成的压痕而推导出来的。当压痕产生异常情况时，就会破坏这个关系，依照异常压痕的对角线长度，按公式计算出显微硬度就会和实际的显微硬度存在误差。经常出现的几种异常压痕的情况如图 6-7 所示，产生的原因为：

（1）压痕呈不等边的四棱形，但是也有呈规律的单向不对称压痕，见图 6-7a。这个现象由两种情况造成：当试样表面与底面不平行时，在测试过程中试样会发生旋转，压痕的偏侧方向也随之改变。或由于加荷主轴上的压头与工作台面不垂直，导致在测试过程中试样发生旋转，压痕的偏侧方向并不改变所致。

（2）压头对角线交界处（顶点）不成一个点或对角线不成一条线，见图 6-7b。这是由于压头的顶尖或棱边损坏造成的，换压头后校正零位即可。

（3）压痕不是一个而是多个或大压痕中有小压痕。这是由于在加荷时试样相对于压头有滑移。

（4）压痕拖尾巴，见图 6-7c。这是由于支承加载主轴的弹簧片有松动，沿径向拨动加荷主轴，压痕位置发生明显变化；或由于加荷主轴的弹簧片有严重扭曲；或由于加载时试样有滑动。

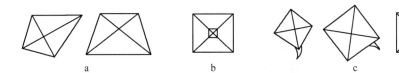

图 6-7 显微压痕异常现象

a—压痕不对称；b—压痕不成一点；c—压痕有尾巴

6.5 显微硬度计发展的趋势

随着科学技术的迅速发展，尤其是计算机技术与数字技术的发展，硬度计及测量技术有很大的进展。采用了高精度的闭环传感器加载、CCD 图像处理系统以及压痕图像的自动测量等先进的测量技术，通过测量软件与计算机的结合，实现了压痕的自动测量及检测过程自动化，其发展趋势为：

（1）全新的自动化测量和机电一体化是世界进步水平的必由之路。图 6-8 为国产 HVS-1000 半自动数显显微硬度计，还具备语音播放功能。图 6-9 为进口 Tukon-2100B 型先进的全自动闭环式传感器控制系统显微/维氏硬度计，不仅能进行全自动图像处理，而且具有自动 XY 载物台、自动转塔、自动聚焦、视场的亮度自动调整等。图 6-10 为显微硬度计与计算机结合，实现了计算机显示压痕和自动测量功能。同时，通过网路可实现硬度数据共享以及图像等共享。

（2）随着产品的规模化和生产流程的自动化，以及更加严格的品质控制要求，在生产过程中的连续专用自动测量系统成为发展的必然趋势，以便达到解决在线测量和一些重要零件全检测的要求，并通过计算机控制和数据分析进行质量控制，来提高硬度计计量检测的准确性和可靠性，必须使硬度检测规范化，严格执行相关检测方法标准，以保证检测结果的可靠性。

（3）光源采用 LED 灯，可使图像更清晰，光源寿命更长。

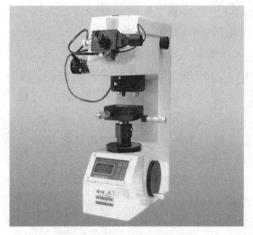

图 6-8　HVS-1000 半自动
数显显微硬度计

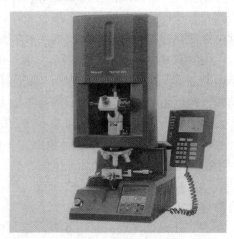

图 6-9　Tukon-2100B 型全自动闭环式
传感器控制显微/维氏硬度计

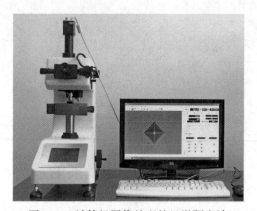

图 6-10　计算机图像处理的显微硬度计

6.6　显微硬度在金相研究中的应用

显微维氏硬度最早应用于 20 世纪 30 年代，显微硬度实验已广泛应用于冶金、材料加工、机械制造、精密仪器仪表等领域。尤其是在材料科学领域，其已成为材料微观组织与性能测试的重要手段之一。例如常用于各种金属薄片/非金属薄片和涂层显微组织构成、碳化物、氮化物、各种相、小零件线、硬化层深度分析、焊接接头等硬度试验。

6.6.1 合金中相组成物的研究

显微硬度能有效地测定多组元合金中各个组成相的硬度。因此,广泛地用于金属及合金相组成物的硬度测定,在钢铁材料中更多地用于相和组织组成物的显微硬度测定,研究钢铁材料分析合金不同组织和相组成的硬度对合金强化中起主要作用的结构部分,为合金的正确设计提供依据。

图 6-11 为 45 钢经 860 ℃加热退火(4%硝酸酒精溶液浸蚀),用显微硬度压痕对组织中珠光体+铁素体分别进行了软硬表征(载荷 20 g),其中铁素体(白色)为单相组织较软,硬度为 120HV,珠光体(层片状)硬度为 245HV,因为珠光体是由铁素体(软相)和渗碳体(硬相)两相组成的共析混合物[1],因此硬度值比纯铁素体要高,而且珠光体的片层间距越细,硬度值越高。

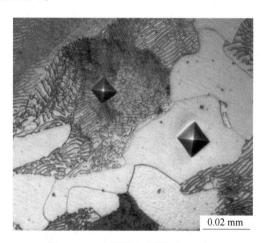

0.02 mm

图 6-11　45 钢退火组织(1000×)

6.6.2 金属学方面的研究

在金属合金中研究晶内偏析、时效、相变、合金的化学成分不均匀性时、晶界附近由于杂质影响或金属结晶点阵的歪扭等都会对显微硬度值的测量产生影响。

显微硬度对化学成分不均匀的相(这些相具有不同的硬度)具有较敏感的鉴别能力,故常用其研究晶粒内部的不均匀性。图 6-12 为合金元素偏析对 H13 热作工具钢回火马氏体硬度的影响,浅色部分 571HV,深色部分 525HV。采用努氏压痕(200 gf)显示区域熔炼 Co 的晶粒取向(见图 6-13),由图可知在一个晶粒内压痕大小不同,表征该晶粒内成分是不均匀的。

6.6.3 金属表面改性性能研究

在金属表面改性中化学热处理是提高金属表面硬度、耐磨性、抗腐蚀性等性能最常用的方法之一。它是将金属或合金件置于一定温度的活性介质中保温,使一种或几种元素渗入工件表层,以改变成分、组织和性能的热处理工艺,如渗碳、镀层、金属扩散层、表面喷涂、氮化层、表面溅射等。经过化学热处理的工件要借助金相显微、硬度计(含显微硬度计）对渗层深度、渗层的组织以及性能进行分析测试来确定化学热处理后的效果，其中显微硬度法是测定渗层深度的仲裁方法。

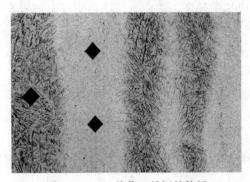   

图 6-12   H13 热作工具钢的偏析   图 6-13   区域熔炼 Co 的晶粒取向

图 6-14 与图 6-15 分别为对氮化层采用维氏压头与努氏压头进行的渗层硬度分布的测试。在渗氮层深度测定时最好采用努氏压头，尤其是渗氮层较浅的工件，测试结果比较精确。

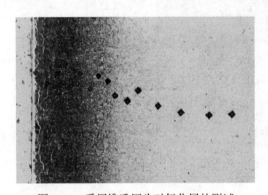   

图 6-14   采用维氏压头对氮化层的测试   图 6-15   采用努氏压头对氮化层的测试

显微硬度也常常用来测定金属表面渗层组织中不同相的确定。例如钢铁材料渗硼后，渗硼层会出现 Fe_2B 单相层或 FeB 和 Fe_2B 双相层，要区分这两相组织用金相法测定时一般要用三钾试剂（见第 3 章表 3-1 中显示钢铁材料显微组织常用化学浸蚀剂）进行浸蚀，浸蚀后这两种相在显微镜下表现出不同的色彩才能区分，其中 FeB 成为深棕色，Fe_2B 为淡黄褐色。但该浸蚀剂有毒，且浸蚀程度难以掌握。由于这两相组织的硬度不同，FeB 相的硬度为 1800~2300 HV，Fe_2B 相的硬度为 1200~1800 HV，采用显微硬度法测量硬度来区别比较简单明确。图 6-16 为 20 钢经渗硼的渗层组织（4%硝酸酒精溶液浸蚀），表层硬度值为 1645 HV，由此可确定表层组织结构为 Fe_2B 相。

同样，显微硬度也可用于表面加工硬化层性能的研究。如金属表面层受机械加工、热加工的影响。

6.6.4   金属及合金热处理的研究

钢铁热处理、有色金属热处理、时效、析出硬化以及扩散、再结晶等方面，均可使用显微硬度进行研究。

图 6-17 为铝青铜（图的左边）与不锈钢（图的右边）采用熔渗法获得的异质材料连接的试样，中间为扩散层，扩散反应后扩散层的硬度比两个母材硬度要高。

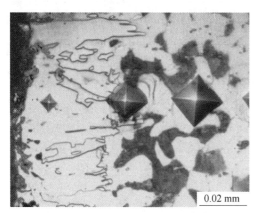

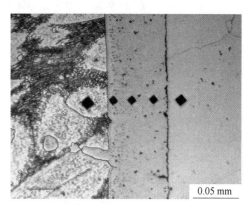

图 6-16　渗硼层硼化物硬度的测定　　　　　图 6-17　熔渗扩散层组织硬度

6.6.5　极小零件表面硬度的测定

极细薄金属制品如薄片、细丝、粉末等硬度的测定。配合好硬度计所带附件，还可以测量较薄的仪表材料、量规、卡尺测量面、滚刀、小齿轮以及各种刃具。但这些样品必须进行镶嵌并磨制、抛光后才能进行测量。

6.6.6　化合物脆裂倾向判定

显微硬度试验可研究化合物、难熔化合物的脆裂倾向性分级。不同脆性和半脆性的难熔化合物在显微维氏硬度试验中受力压头压入时，时常会出现开裂，特别是在较大负荷和快的加荷速度下。在一定条件下脆性与压痕开裂程度相关，因此可根据测定的开裂状况将其微观脆性定性分级。

用显微维氏硬度测定难熔化合物脆性时，一定要在相同条件下进行，因为试验力大小和加试验力及保持试验力时间都会在很大程度上影响试验结果。有时压痕的裂纹和分枝的形成是在卸除试验力后的一段时间内，大约在 8~10 s 内产生的，所以，一般情况下，要在卸除试验力 10~15 s 以后才对压痕进行观测。这种根据所得压痕形状及裂痕情况来评估难熔化合物脆性的方法，一般将脆性划分为 5 级（见表 6-2），脆性分级示意级别见图6-18。在《钢铁零件渗氮层深度测定和金相组织检验》GB/T 11354—2005 标准中，对渗氮层脆性的检测，在 98 N（10 kgf）载荷下，就按这种分类方法评级。

表 6-2　评估难熔化合物脆性的级别

脆性级别	压痕特征
0	没有可见的裂纹或缺口
1	一条小裂纹
2	一条不和压痕对角线延长部分重合的裂纹；在压痕邻角处有两条裂纹

脆性级别	压痕特征
3	在压痕对角线处有两条裂纹
4	超过三条裂纹；在压痕一些侧面上有一个或两个缺口
5	压痕形状受破坏

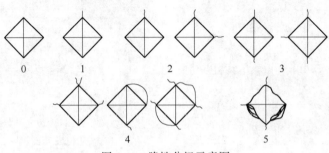

图 6-18   脆性分级示意图

显微硬度还用于材料的断裂韧性（K_C）的测定。测试时测试面要求抛光，获得的压痕至少 20 μm，以保证读数的准确性，放大倍数 400×，因为压痕周围有可能剥落，在高倍数下不能聚焦，扩展裂纹长度测试见图 6-19。

图 6-20 为采用闭合场非平衡磁控溅射离子仪进行 CrAlYN 多层 PVD 镀膜制备后，镀层在载荷 300g 时获得的压痕形貌，表明在此载荷下裂纹扩展明显，抗裂纹能较弱。

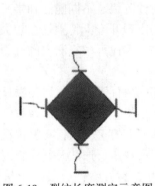

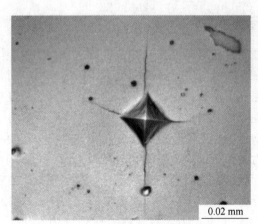

0.02 mm

图 6-19   裂纹长度测定示意图   图 6-20   PVD 镀层的裂纹

实　　验

一、实验目的

1. 了解显微硬度的测试原理。

2. 掌握显微硬度计的操作方法。

3. 学会显微硬度值的计算方法。

4. 了解显微硬度的应用。

二、实验内容

1. 学习显微硬度计实际操作方法。

2. 对以下某一材料（所用材料的显微组织为均匀的单相、或非常细小的两相组织）在 0.098 N、0.196 N、0.49 N、0.98 N、1.96 N(10 gf、20 gf、50 gf、100 gf、200 gf) 不同载荷下的硬度值进行测量，每一载荷测三点，取其平均值，做出载荷与硬度值之间的曲线，并分析显微硬度值与载荷的关系。

（1）10 号钢经过高温奥氏体化后淬火，具有均匀的粗大板条马氏体组织。

（2）GCr15 轴承钢正常淬火+低温回火后得到的细小的颗粒状碳化物均匀分布在细小的回火马氏体基体中的组织。

3. 测定渗碳层或渗氮层的硬度分布。

测试时应保证试样的边缘平整，所有测定点均应使用同一载荷。

4. 测定两相或多相组织中不同相的显微硬度。

测定时要根据相的大小选用适宜的载荷，要比较不同相的显微硬度值，应使用相同的载荷。

三、实验报告要求

1. 写出实验目的与实验设备。

2. 简述显微硬度计的原理、构造及操作方法。

3. 写出测量步骤，附上实验结果。

4. 记录显微硬度测定的原始数据，绘制曲线，分析结果。

5. 总结实验过程中出现的问题，分析其产生的原因。

思政之窗：借助于显微硬度计对显微组织进行力学性能表征，进一步揭示材料学科中"成分-工艺-组织-性能"四大要素中组织结构决定其力学性能的重要意义。

德育目标：弘扬精益求精的科学精神。

思 考 题

1. 什么是显微硬度，实验原理及硬度用什么符号表示？

2. 如何计算显微硬度数值？

3. 显微硬度测试有哪些要求？

4. 试说明显微硬度试验的优缺点、适用范围及测量注意事项。

5. 显微硬度常用的压头有哪两种，其硬度值如何测量？

6. 如何测量显微硬度的压痕对角线的长度？

7. 影响显微硬度值精确度的因素是哪些？

8. 显微硬度测试时如何选择载荷与保压时间？

9. 显微硬度测量误差主要有哪几点？

10. 测试时施加载荷速度与显微硬度值有无关系，为什么？

11. 显微硬度测试时所见到的异常压痕大致有几种？是如何造成的？

12. 如何维护显微硬度计？

13. 试根据下列试件的特点分析哪一种应采用显微硬度试验法进行测量：

　　（1）渗碳层的硬度分析；

　　（2）淬火钢；

　　（3）灰口铸铁；

　　（4）鉴别钢中的隐晶马氏体和残留奥氏体；

　　（5）高速钢。

14. 显微硬度在金相研究中的应用主要有哪几方面？举例说明。

参 考 文 献

［1］ 材料科学技术名词审定委员会. 材料科学技术名词［M］. 北京：科学出版社，2011.

［2］ 韩德伟. 金属硬度检测技术手册［M］. 2版. 长沙：中南大学出版社，2007.

［3］ 任颂赞，叶俭，陈德华. 金相分析原理及技术［M］. 上海：上海科学技术文献出版社，2013.

［4］ 沈桂琴. 光学金相技术［M］. 北京：北京航空航天大学出版社，1992.

钢铁材料常见组织及检验

扫码获得
数字资源

金相学是主要依据显微镜技术研究金属材料的宏观、微观组织形成和变化规律及其成分和性能之间的关系[1]。只有掌握了材料的组织结构特征，才能理解并解释其性能。因此，研究材料的微观组织形貌、大小、分布及数量非常重要，这就涉及金相检验。金相检验（metallographic examination）是采用金相显微镜对金属或合金的宏观组织和显微组织进行分析测定，以得到各种组织的尺寸、数量形状及分布特征的方法[1]。金相检验是各国和 ISO 国际材料检验标准中的重要物理检验项目。

7.1 组织的定义及研究

7.1.1 组织的定义

在工业上除了纯金属得到一定的应用外，应用最广泛的是合金。合金（alloy）是由两种或多种化学组分构成的固溶体或化合物形式的材料或物质[1]。组织是指构成金属或合金材料内部所具有的各组成物的直观形貌，分为宏观和微观两类。宏观组织是指肉眼或放大倍率一般低于 10 倍的放大镜可观察到的金属或合金的组织[1]，例如观察金属材料断口组织，渗碳层的厚度，以及经酸浸后低倍组织等，一般分辨率是 0.15 mm。微观组织是借助于显微镜观察到的组织[1]。光学显微镜则是最基本最常用的观察金属和合金显微组织的设备，一般极限分辨率为 0.2 μm，它能观察到材料微米级的各种相的形状、大小、分布及相对量等。

金属材料经抛光后的试样，在显微镜下只能分析研究材料的非金属夹杂物、石墨等组织的形貌。经浸蚀后的试样在显微镜下检查，则可看到由不同相组成的各种形态的组织。所谓相是指合金中具有同一化学成分、同一结构和原子聚集状态，且界面相互分开的、均匀的组成部分[2]。组织按相的多少分为下列三类：

（1）单相组织。它包括纯金属和单相合金，在显微镜下看到的是多边形晶粒组成的多晶体组织。例如经常看到的工业纯铁、Fe-Si、Cu-Ni 等合金的退火态组织，主要研究晶粒边界（晶界）、晶粒形状、大小以及晶粒内出现的亚结构等，如工业纯铁为单相等轴状铁素体组织（见图 3-2）。

（2）两相组织。具有两相组织的合金很多，尤其是二元合金。如四六黄铜即 α+β 黄铜、Al-Si 合金、Pb-Sn 合金、Sn-Sb 合金和 Cu-Pb 合金等的组织，如 Al-Si 共晶合金两相组织（见图 3-10）。

（3）多相组织。许多高合金钢多半是具有多相的复杂组织，如高速钢、不锈耐热钢等。图 7-1 为 W18Cr4V 高速钢铸态组织，由鱼骨状莱氏体+高温 δ 铁素体（黑色区域)+马氏体与残余奥氏体（白色区域）多相组织组成。

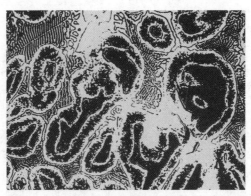

图 7-1　W18Cr4V 高速钢铸态组织（500×）

7.1.2　影响组织变化的条件

影响组织变化的条件首先是合金的成分。不同成分的合金，显示出不同的组织，例如 Cu-Zn 合金系，含 Zn 量小于 30% 时，得到单相 α 黄铜，含 Zn 在 40% ~ 50% 则为（α+β）两相黄铜。又如碳钢和白口铁，同是 Fe-C 系合金，含碳量小于 2.11% 时为钢，含碳量大于 2.11% 时为白口铁，钢和白口铁的组织虽然在室温都是由铁素体和渗碳体两相组成，但是它们的组织形态、相的相对量随含碳量的不同差别很大。因而，钢和白口铁的使用性能和工艺性能迥然不同。

当合金的成分确定后影响金属材料组织变化的因素就是生产工艺条件。凝固、锻压及热处理等对组织的形成影响极大。例如在生产中普通浇注的铸锭和连续铸锭的组织不同，前者的宏观组织显示出细等轴晶区、柱状晶区及中心大等轴晶区，呈典型的铸锭组织；而后者柱状晶发达，中心等轴晶极少。又如同是碳钢量 0.2% 的碳钢，一般浇注条件得到魏氏组织，而退火条件得到的组织为均匀的铁素体晶粒和珠光体。同样是 20 钢从奥氏体相区空冷则得到细小均匀的铁素体晶粒和珠光体。

上述对工艺条件的影响，归纳起来主要的一点就是冷却速度对组织形成的影响。此外，锻压变形对组织形成的影响，亦是极其重要的。所以分析研究材料的组织时，一定要明确材料的化学成分和形成工艺。

7.1.3　组织分析

材料的组织按照观察的放大倍数不同，可分为宏观组织、光学金相组织、电子显微组织和晶体结构等，这里重点讨论光学金相显微组织。性能是指使用性能和工艺性能，前者如力学性能，物理性能和化学性能等，后者如浇注性能、锻压性能和热处理性能等。

组织是性能的根据，性能是组织的反应。所以研究金属材料时，应当着重分析研究金属材料的组织。而组织随着合金的成分、生产工艺条件等变化而变化。因此研究组织时，应分析研究影响组织变化的条件[3,4]。

（1）首先要搞清楚合金的成分，尤其是组成合金的主要成分。

根据合金的成分，查找相应的合金系相图，主要的二元合金相图基本上都能在有关的金属手册中查到。三元合金的相图，只能查到某些合金系，重要合金的等温截面或垂直截面图。查到有关相图后，按照合金成分（主要成分）找到平衡状态时具有的合金相。单相，双相还是三相；并根据杠杆定则，大致估算其相对量，作为判定组织时的参考。

对于一些较复杂的合金，准确的相图查找不到，只能参照主要成分的相图，根据我们所掌握的合金相和二元相图、三元相图的基本知识，推理判断组织中出现的各种相。

（2）其次要了解该合金的制备工艺过程。原料纯度、熔炼方法、凝固过程、锻轧工艺以及热处理工艺等。

（3）要了解试样截取的部位，取样的方法，磨面的方向，试样的制备及显微组织显示方法等。

（4）在显微镜下观察时，先用低倍镜观察组织的全貌，其次用高倍镜对某相或某些细节进行仔细观察。最后根据需要，再选用特殊的方法如暗场，偏振光，干涉，显微硬度等，或者用特殊的组织显示方法，进一步确定观察的合金。先做相鉴定，然后做定量测试。

定量分析可以对照半定量的标准图，也可以用带标尺的目镜测量所研究的对象。自动图像分析仪，是金相定量测试的现代工具。

对于光学金相还不能确定的合金相，则用 X 射线衍射方法、带能谱的扫描电镜、透射电镜以及电子探针等手段来确定。

7.2 钢中常见的金相组织与性能

7.2.1 铁素体

铁素体（ferrite）是在 α-Fe 中固溶入其他元素而形成的固溶体[1]，室温下保持 α-Fe 的体心立方晶格，具有同素异构转变，常压下在 1394~1538 ℃的温度范围内稳定存在的、具有体心立方晶格的 δ-Fe。在 727 ℃时碳在铁素体中的最大溶解度为 0.0218%，即铁碳合金相图中 C 点的成分，见图 7-2，而室温下溶解度仅为 0.008%。铁素体的显微组织与力学性能接近纯铁，强度与硬度低，塑性好，在 230 ℃以下具有铁磁性。在合金钢中溶入合金元素的铁素体，则能提高钢的强度和硬度。铁素体的金相组织为单相等轴状铁素体，又称"多边形铁素体（polygonal ferrite）"，晶粒各个方向尺寸接近的铁素体组织[1]。组织特征见图 3-2（4%硝酸酒精溶液浸蚀）。

7.2.2 奥氏体

奥氏体（austenite）是在 γ-Fe 中固溶入其他元素而形成的固溶体[1]，在合金钢中是碳和合金元素在 γ-Fe 中的固溶体，它具有 γ-Fe 的面心立方晶格。塑性很高，硬度和屈服强度都较低，是钢中比体积最小的组织。在铁碳合金中 1148 ℃时奥氏体中碳的最大溶解度为 2.11%，即铁碳合金相图中 E 点的成分，见图 7-2，随着温度的降低溶解度也随之降低，在 727 ℃时碳的溶解度为 0.77%。

奥氏体的显微组织为规则的多边形（等轴状）单相组织，并有孪晶现象，图 7-3 为奥氏体不锈钢组织（氯化铁盐酸水溶液浸蚀）。

7.2.3 渗碳体

渗碳体（cementite）是铁和碳形成的稳定化合物，化学组成式为 Fe_3C，具有正交晶体

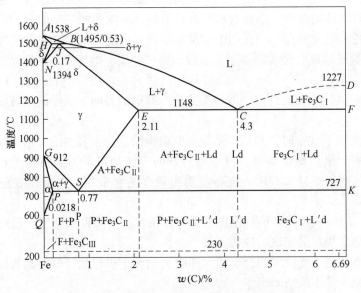

图 7-2　Fe-Fe₃C 相图

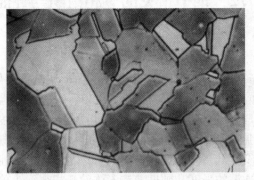

图 7-3　奥氏体不锈钢组织（100×）

结构[1]。常温下铁碳合金中碳大部分以渗碳体的形式存在，渗碳体中碳的质量分数为 6.69%，没有同素异构转变。熔点为 1600 ℃，硬度很高（显微硬度可达 800~1000 HV），脆性很大，塑性近于零，低温下有弱磁性，高于 217 ℃时磁性消失。渗碳体是一种介稳定化合物，在一定条件下能分解成石墨状的自由碳。

根据铁-碳相图（见图 7-2）有一次（初生）渗碳体、二次渗碳体、三次渗碳体、共晶渗碳体和共析渗碳体 5 种，其显微组织随含碳量的不同，具有不同的形态和含量，4%硝酸酒精溶液浸蚀后渗碳体呈白色。渗碳体可与其他合金元素形成置换式固溶体，以渗碳体晶格为基体的这种固溶体称为"合金渗碳体"。

（1）一次渗碳体（primary cementite），又称初次渗碳体、先共晶渗碳体（proeutetie cementite）。过共晶成分的铁碳合金中共晶反应前从液态中直接结晶出来的渗碳体[1]，即沿铁碳合金相图 7-2 中 CD 线由液体中结晶析出的渗碳体 Fe₃C$_\mathrm{I}$，呈杆状（图 7-4 中白色粗大杆状），基体为珠光体（黑色）+渗碳体（白色）组成的莱氏体。

（2）二次渗碳体（secondary cementite），又称先共析渗碳体（proeutectoid cementite）。

过共析成分的铁碳合金中共析反应前从奥氏体中析出的渗碳体[1]，即沿铁碳合金相图 7-2 中 ES 线由 γ-固溶体中析出的渗碳体（Fe₃C Ⅱ），呈网状分布，T12 过共析退火态组织如图 3-7a 所示，其中白色网状为二次渗碳体（4%硝酸酒精溶液浸蚀），基体组织为珠光体。经碱性苦味酸钠热浸蚀后二次渗碳体呈黑色，如图 3-7b 所示。

（3）三次渗碳体（tertiary cementite），由低温铁素体中析出的渗碳体[1]。即沿铁碳合金相图 7-2 中 PQ 线由 α-固溶体中析出的渗碳体（Fe₃C Ⅲ）。主要沿铁素体晶界析出见图 7-5（4%硝酸酒精溶液浸蚀），一般含量很少，量多则会使强度大大下降。

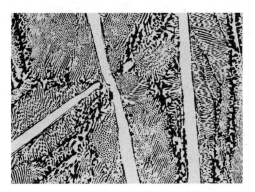

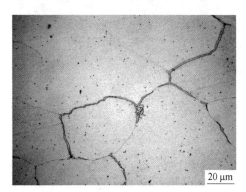

图 7-4　过共晶白口铁（莱氏体+　　　　图 7-5　工业纯铁（铁素体+
一次渗碳体（白色杆状））（100×）　　　　三次渗碳体）（1000×）

（4）共晶渗碳体（eutectic cementite），即铁碳合金中共晶反应生成的共晶混合物中的渗碳体[1]，如：莱氏体中的渗碳体。

（5）共析渗碳体（eutectoid cementite），又称珠光体渗碳体（pearlitic cementite）。共析反应所生成的共析混合物中的渗碳体[1]。

7.2.4　珠光体

珠光体（pearlite）是含碳质量分数为 0.77%的奥氏体发生共析转变时形成铁素体和渗碳体的共析混合物，其典型形态是片状，相邻渗碳体片与铁素体片中心之间的距离称为"珠光体层间距"。根据形成温度和层间距不同，可以将珠光体分为珠光体、索氏体和屈氏体。

（1）珠光体（pearlite），也可称"粗片状珠光体"，是过冷奥氏体在 A₁~650℃ 分解的产物，片间距为 150~450 nm，硬度约 200 HBW，在 400~500 倍显微镜下可分辨片层形态，见第三章图 3-5（放大 1000 倍时，层片更清晰，其中凸起来的为 Fe₃C 片）和图 3-6 所示。

（2）索氏体（sorbite），也可称"细珠光体"，是过冷奥氏体冷却到 650~600 ℃ 分解的产物，片层间距为 80~150 nm，硬度约为 250 HBW，用 1000 倍以上的光学显微镜才能分辨其层片形态，如图 7-5 所示。

（3）屈氏体（troostite），也可称"极细珠光体"，是过冷奥氏体冷却到 600~550 ℃ 分解的产物，层间距为 30~80 nm，硬度约 350 HBW，只能在 5000 倍以上电子显微镜才能分辨其层片形态，如图 7-6 所示，较为细小的为 Fe₃C 片。

由于它们本质上没有区别，均为铁素体和渗碳体相间排列的层片状，所以统称为珠光体。但由于它们的片层间距不同，导致硬度、强度以及抗腐蚀性能等不同。但在一定的热处理条件下（如经过球化退火或高温回火），渗碳体以粒状或接近球状分布于铁素体的基体上，成为粒状（球状）珠光体组织，图 7-8 为 T12 钢经球化处理后的组织（4%硝酸酒精溶液浸蚀）。

图 7-6　索氏体（1000×）

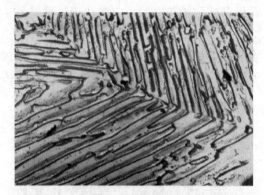

图 7-7　屈氏体（塑料-碳二次复型透射电镜照片）（5000×）

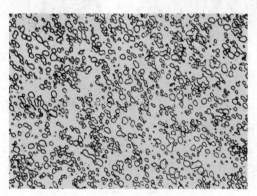

图 7-8　球状珠光体（500×）

7.2.5　莱氏体

莱氏体（ledeburite）是铁碳合金共晶反应的产物[1]。在含碳量为 2%~6.67%的铁碳合金中发生共晶反应后快速冷却形成的，为奥氏体和渗碳体的共晶混合物；冷速较低时将发生奥氏体分解，形成铁素体和渗碳体（珠光体）的共析反应产物，珠光体与共晶渗碳体、二次渗碳体的混合物称为低温莱氏体，图 7-9 是含碳量为 4.3%的铁碳合金的低温莱氏体组织（4%硝酸酒精溶液浸蚀），其中白亮者为渗碳体（共晶渗碳体+二次渗碳体），黑色为珠光体。由于该组织中渗碳体量很多，所以硬而脆。

7.2.6　贝氏体

贝氏体（bainite）是由奥氏体在珠光体和马氏体转变温度之间转变产生的亚稳态微观组织，包含上贝氏体、下贝氏体、中温贝氏体。本书主要介绍上贝氏体和下贝氏体：

（1）上贝氏体（upper bainite）是过冷奥氏体在细珠光体形成温度下，一般在 450~550 ℃范围内发生贝氏体相变得到的组织。其碳化物的形貌多呈羽毛状在铁素体间分布[1]。40Cr 钢经 1000 ℃加热，420 ℃等温 30 s 后水冷的组织由上贝氏体（羽毛状）+马氏

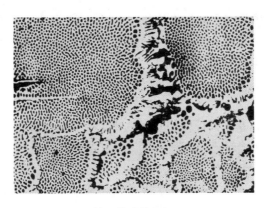

图 7-9　低温莱氏体组织（500×）

体组成（见图 7-10，4%硝酸酒精溶液浸蚀），在透射电子显微镜下可观察到碳化物的形貌多呈条状分布在铁素体间（见图 7-11）。

图 7-10　上贝氏体（羽毛状）（500×）

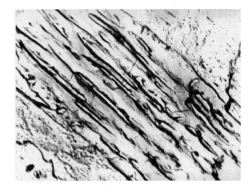

图 7-11　上贝氏体（塑料-碳二次复型
透射电镜照片）（10000×）

（2）下贝氏体（lower bainite）是过冷奥氏体在相对较低温度（一般在 250～280 ℃）范围内发生贝氏体相变得到的组织。其碳化物的形貌多为颗粒状，在铁素体间分布，与回火马氏体的组织形态及性能相似[1]。T8 钢经奥氏体化后，在 280 ℃等温 30 s 后获得组织由下贝氏体（针状）+马氏体组织（见图 7-12，4%硝酸酒精溶液浸蚀），在透射电子显微镜下可观察到碳化物按一定方向规则的排列（与针状 α-Fe 呈 60°夹角，见图 7-13）。

图 7-12　下贝氏体（针状）（500×）

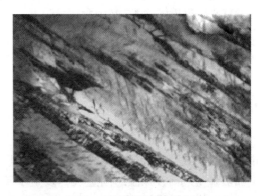

图 7-13　下贝氏体（透射电镜）（20000×）

上贝氏体与下贝氏体形态和碳化物的分布不同，导致力学性能有所不同，下贝氏体的力学性能优于上贝氏体，尤其是韧性。实际应用中希望获得下贝氏体组织，但生产过程中常出现的是上、下贝氏体同时存在的组织。

7.2.7　马氏体

马氏体（martensite）是由马氏体相变产生的无扩散的共格切变型转变产物的统称[1]。当钢奥氏体化后，经快速冷却至马氏体相变点 Ms 点以下时，γ-Fe 结构在低温下不稳定，便转变为 α-Fe，但由于冷却速度快，钢中碳原子来不及扩散，因而新相马氏体保留了高温时母相奥氏体的成分，因此马氏体是无扩散性的相变产物。由于碳在 α-Fe 中的过饱和使 α-Fe 的体心立方晶格发生了畸变，形成体心正方晶格。

马氏体具有很高的硬度（显微硬度可达 800～1200 HV），而塑性接近零。马氏体很脆，冲击韧性很低，断面收缩率和伸长率接近零。马氏体的硬度随碳含量增加而增加，碳的质量分数达 0.7% 时马氏体的硬度达到最大值。马氏体中过饱和的碳使晶格发生畸变，因而马氏体的比体积较奥氏体大，钢中马氏体形成时会产生很大的相变应力。

根据含碳量和马氏体的金相特征，可将马氏体分为低碳的板条马氏体和高碳的针状马氏体。

（1）板条马氏体。板条马氏体（lath martensite）又称位错马氏体（dislocation martensite）。在碳含量较低的钢中形成的具有板条状形貌的马氏体，板条内部存在高密度的位错[1]。基本特征是尺寸大致相同的细马氏体条定向平行排列，组成马氏体束，在马氏体束与束之间存在一定的位向，在一个原始的奥氏体晶粒内可以形成几个不同取向的马氏体束。用 4% 的硝酸酒精溶液时，能清晰地显示板条状马氏体的组织特征，如图 7-14 为 20 钢经 920 ℃加热、在盐水中冷却得到的典型板条马氏体（4% 硝酸酒精溶液浸蚀）。板条马氏体的硬度相对较低，韧性较好。

（2）针状马氏体。针状马氏体（acicular martensite）又称孪晶马氏体（twin martensite）。透镜形貌为片状马氏体，在含碳量较高的钢中形成具有针状或竹叶状形貌的马氏体，其微观下主要为孪晶[1]。基本特征是在一个奥氏体晶粒内形成的第一片马氏体针较粗大，往往横贯整个奥氏体晶粒，将奥氏体晶粒加以分割，使以后形成的马氏体针大小受到限制。因此，针状马氏体的大小不一，但针状马氏体的分布有一定的规律，基本上马氏体针按近似 60°角分布。在马氏体针叶中有一中脊面，碳量愈高，愈明显，并在马氏体周围有残留奥氏体。图 7-15 为含碳量为 1.6% 超高碳钢 950 ℃油冷 200 ℃回火后的竹叶状马氏体组织，为互成一定角度的针状结构，针间夹着白色残留奥氏体（4% 硝酸酒精溶液浸蚀）。马氏体经回火后由于有大量弥散细小的碳化物析出，很容易受浸蚀而变为黑色。针状马氏体不仅硬度高而且脆性很大。

7.2.8　魏氏组织

魏氏组织（widmanstätten structure）是先共析相沿过饱和母相的特定晶面析出，在母相中呈片状或针状特征分布的组织[1]。魏氏组织属于过热组织（overheater structure），由于加热温度过高，保温时间过长，以至于基体晶粒变得明显粗大的组织[1]。按其含碳量可有铁素体魏氏组织和渗碳体魏氏组织之分。

图 7-14 板条马氏体组织 （500×）

图 7-15 针状马氏体组织 （500×）

（1）铁素体魏氏组织。亚共析钢因为过热而形成的粗晶奥氏体，在一定的过冷条件下，除了在原来奥氏体晶粒边界上析出块状 α-Fe 外，还有从晶界向晶粒内部生长的片状 α-Fe。这种片状 α-Fe 与原来的奥氏体有着一定的结晶位向关系。这些在晶粒中出现的互成一定角度或彼此平行的片针状 α-Fe，即为共亚析钢的魏氏组织，图 7-16 为 45 钢高温加热后正火得到的铁素体魏氏组织（铁素体呈白色针状，4%硝酸酒精溶液浸蚀）。

（2）渗碳体魏氏组织。在碳的质量分数大于 0.6%的钢中，一般不宜形成魏氏组织，但是在高碳钢中，由于冷却速度不当，渗碳体往往沿奥氏体晶面析出，也会形成针状渗碳体型的魏氏组织，图 7-17 为 T12 过共析钢高温正火获得的渗碳体魏氏组织（渗碳体呈白色细针状，4%硝酸酒精溶液浸蚀）。

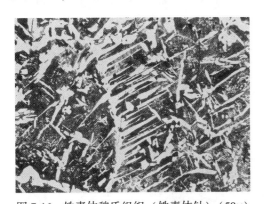

图 7-16 铁素体魏氏组织（铁素体针）（50×）

图 7-17 渗碳体魏氏组织（渗碳体针）（200×）

魏氏组织由于沿晶界析出时，钢的冲击韧性、断面收缩率下降，使钢变脆。实际应用时不允许有魏氏组织出现，一旦出现可采用完全退火将其消除。

7.2.9 偏析组织

偏析是由于凝固、固态相变以及元素密度差异、晶体缺陷与完整晶体的能量差异等原因引起的在多组元合金中的成分不均匀现象[1]，偏析形成的组织呈树枝晶，称偏析组织（segregation structure）。图 7-18 为 Cu-Ni(30%) 合金的铸态下发生成分偏析现象获得组织呈树枝晶（氯化铁盐酸水溶液浸蚀）。经高温扩散退火后，组织为单一均匀等轴状的固溶体，如图 7-19 所示（重铬酸钾硫酸水溶液浸蚀）。固溶体（solid solubility）是一种或多种溶质原子溶入主组元（溶剂组元）的晶格中且仍保持溶剂组元晶格类型的一种固态物质（固体相）[1]。

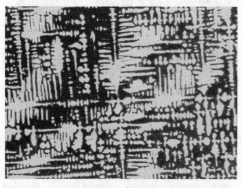

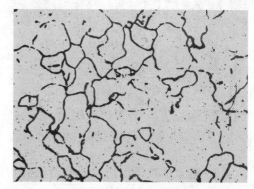

图 7-18　Cu-Ni(30%) 合金铸态组织（100×）　　　图 7-19　Cu-Ni(30%) 合金扩散退火组织（100×）

7.2.10　柱状组织

柱状组织（columnar structure）是由相互平行的细长柱状晶粒组成的组织[1]。在钢的浇注过程中形成，图 7-20 为纯铝经 800 ℃加热浇注后形成的典型粗大的柱状晶组织（硝酸盐酸 1∶1 溶液浸蚀）。粗大的柱状晶，常常影响铸锭的成材和铸件的使用性能，柱状晶一旦形成很难消除，因此要控制它的形成。影响柱状晶形成的主要因素主要有合金成分、浇注温度、铸模材料等。纯金属比合金更容易形成柱状晶，铁模比沙模易形成，提高浇注温度有利于柱状晶的形成。

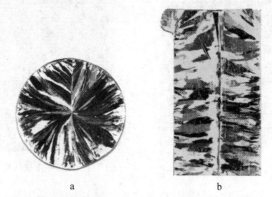

a　　　　　　　　b

图 7-20　铝锭的柱状晶宏观组织（1×）

a—横截面；b—纵截面

7.2.11　石墨结构

石墨结构（graphite structure）是全部以 sp^2 杂化轨道和邻近的三个碳原子形成的三个共价单键并排列成平面六角的网状结构，这些网状结构以范德瓦尔斯力联成互相平行的平面，构成层片结构。层内原子间距 0.142 nm，层间距 0.335 nm[1]。

人们将含碳量为 2.11%~6.69% 的铁碳合金称为铸铁。在铸铁中，除了以结合碳的形式存在外，碳主要以石墨的形式存在，它以片状、团絮或球状的形式分布在钢的基体组织上，称为石墨碳或游离碳。根据石墨碳在铸铁中的分布形态不同，铸铁通常可分为灰口铸铁（石墨呈片状）、可锻铸铁（石墨呈团絮状）和球墨铸铁（石墨呈球状）三大类。

（1）灰口铸铁（grey cast iron），简称灰铸铁，碳主要以石墨的形态存在，其断口呈暗灰色的铸铁[1]。

（2）可锻铸铁（malleable cast iron），又称玛钢。白口铸铁进行可锻化退化处理后，全部或部分渗碳体转变为团絮状石墨分布于铁素体基体或珠光体基体组织上，从而具有良好塑韧性的铸铁[1]。

（3）球状石墨（spheroidizing graphite cast iron，nodular iron），简称球铁。灰口铸铁铁水经球化和孕育处理，使石墨主要以球状存在的高强度铸铁[1]。

在抛光态下经显微镜即可观察石墨的形貌，抛光态的球墨铸铁见图 3-11。石墨以不同的形态存在于钢中不同的基体上，可分为铁素体基体、珠光体基体和铁素体+珠光体基体三种。图 7-21 为珠光体基体的片状石墨（灰口铁），图 7-22 为铁素体基体的团絮石墨（可锻铸铁），铁素体+珠光体基体的球墨铸铁（见图 4-21 和图 4-22）。图 7-21 和图 7-22 为 4% 硝酸酒精溶液浸蚀。

 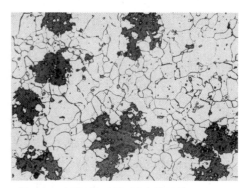

图 7-21　片状石墨+珠光体基体（400×）　　　图 7-22　团絮状石墨+铁素体基体（200×）

7.2.12　带状组织

带状组织（banded structure）是在具有多相组织的合金材料中，某种相互平行于特定方向而形成的条带状偏析组织[1]。在加工过程中由于组织偏析区的变形伸长形成的与加工方向平行的交替，如：亚共析钢终锻温度过低，低于 A_3 或 A_1 之间的温度时，正处于（$\gamma+\alpha$）相区范围，在锻造过程中使析出的铁素体按金属加工流动方向呈带状分布，而奥氏体也被带状分布的铁素体分割呈带状，当继续冷却到 A_1 以下时，奥氏体分解转变的珠光体则保持原奥氏体的带状分布。此外，钢中非金属夹杂物的存在可促使带状组织的形成，因此夹杂物被热加工时按金属变形流方向延伸排列，当温度降低至 A_3 以下时，它们可以成为铁素体的结晶核心，所以铁素体围绕夹杂物呈带状分布，然后奥氏体分解的珠光体也必然存在于带状铁素体之间。图 7-23 是 35 钢轧制后出现的带状组织（4% 硝酸酒精溶液浸蚀）。

具有带状组织缺陷的钢材，其性能有显著的方向性。热加工引起的带状组织，可通过完全退火消除。

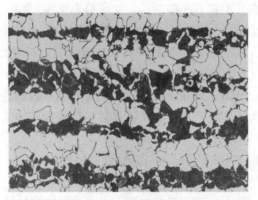

图 7-23　35 钢的带状组织（200×）

7.3　金相组织常规检验

金相检验（或者说金相分析）是应用金相学方法检查金属材料的宏观和显微组织的工作，它是评定金属材料质量的重要方法之一，也是研究金属材料结晶规律与力学性能的重要手段，从二维金相试样磨面或薄膜的显微组织测量和计算来确定合金组织的三维空间形貌，从而建立合金成分、组织和性能间的定量关系。并与材料的力学性能建立内在联系，为科学评价、合理使用合金材料提供可靠的数据。

金相检验多用于常规的质量检验，利用它可以研究钢的化学成分与显微组织的关系，钢的冶炼、锻轧、热处理工艺等对显微组织的影响，以及显微组织与物理性能内在联系的规律等，为稳定和提高产品质量、开发新品种提供重要依据。

金相检验项目很多，但最常规的有脱碳层深度的测定、球化组织的评定、非金属夹杂的评定、晶粒度的评定、石墨含量和 α 相含量的测定，以及网状碳化物、带状碳化物、碳化物液析、碳化物不均匀性的评定等。

金相检验时要按照一定的标准来执行，常用金相检验国家标准见附录 3。

7.3.1　标准的定义及基本知识

7.3.1.1　标准的定义

标准是对重复性事物和概念所做的统一规定，它以科学、技术和实践经验的综合为基础，经过有关方面协商一致，由主管机构批准，以特定的形式发布，作为共同遵守的准则和依据。

7.3.1.2　标准的分类

我国标准比较通行的分类方法有三种：层级分类法、性质分类法和对象分类法。

（1）层级分类法。目前，层级分类包括：国际标准、区域或国家集团标准、国家标准、专业（部）标准、地方标准和企业标准。我国标准分为国家标准、专业（部）标准和企业标准三级。

1）国家标准是指对全国经济、技术发展有重大意义、需要在全国范围内统一的标准。

它是我国最高一级的规范性技术文件，是一项重要的技术法规。国家标准由国务院标准化行政主管部门制订。

2）专业（部）标准是指由专业标准化主管机构或专业标准化组织批准发布，在该专业范围内统一使用的标准。部标准是由主管部门负责组织制订、审批、发布并报国家标准局备案，只在本部范围内通用的标准。

3）企业标准是指在一个企业或一个行业、一个地区范围内统一执行的标准。

（2）性质分类法。按照标准本身属性加以分类，一般分为技术标准、经济标准和管理标准。技术标准是指对标准化对象的技术特征加以规定的一类标准；经济标准是规定或衡量标准化对象的经济性能和经济价值的标准；管理标准则是管理机构为行使其管理职能而制订的具有特定管理功能的标准。

（3）对象分类法。按照标准化的对象而进行的分类。我国习惯上把标准按对象分为产品标准、工作标准、方法标准和基础标准等。

一种标准可以按照三种分类法进行分类。同样某种分类法中的标准，可以再用其他两种分类法进一步划分，组合成种类繁多的标准。

金相标准从性质上讲是技术标准，从对象上看是检验方法标准，它在层次上有国家标准，也有专业（部）标准，还有适用于本企业的企业标准。

7.3.1.3 标准代号

我国标准，一律用汉语拼音字母表示，即用拼音字母的字头大写来表示。

国家标准：GB 即 guo biao。

专业（部）标准的代号，规定用该部（局）名的汉语拼音字头大写字母表示。如：

机械工业部（局）标准：JB 即 ji biao；

冶金工业部（局）标准：YB 即 ye biao；

专业标准的代号：ZB 即 zhuan biao。

世界各国标准是用英文（俄罗斯用俄文）作代号的，即用每个字母的第一个英文字母大写作代号，如：

美国国家标准：ANSI 即 American National Standards Institute；

英国标准：BS 即 British Standards；

法国标准：NF 即 Norme Francaise；

日本标准：JIS 即 Japanese Industrial Standards；

美国材料与试验协会标准：ASTM 即 American Society for Testing and Materials。

7.3.1.4 标准号的编写及含义

我国标准一般包含标准代号、顺序号、年号和标准名称。顺序号和年号均以阿拉伯数字表示，如：中华人民共和国国家标准 GB/T 10561—2005/ISO 4967：1998(E)。

《钢中非金属夹杂物含量的测定　标准评级显微检验法》标准的解读如下：

GB 表示国家标准代号；

T 10561 表示标准顺序号；

2005 表示批准年份；

ISO 4967：1998(E) 表示此标准与国际标准 ISO 4967：1998(E) 等效；

《钢中非金属夹杂物含量的测定　标准评级显微检验法》表示标准名称。

7.3.1.5　正确贯彻金相标准

金相标准可以使生产、工艺和检验人员之间以及行业之间，用户和生产厂之间有一个统一的认识和共同的语言，使人们对材料的研究工作进一步深化，促使新材料、新工艺、新技术的发展。因此，应该正确地、认真地贯彻、使用金相标准。

（1）要认识标准的严肃性。金相标准与其他标准一样，是经过大量生产试验、研究总结出来的，能够客观地反映规律的，具有一定先进性的技术指导性文件，都是由国家机关组织制定、审批、发布的。因此，必须严肃对待，认真执行。

（2）要弄清标准的使用范围。所有的金相标准在开头条文中，都明确规定了它的适用范围。例如：GB/T 1814—1979《钢材断口检验法》标准，标准一开头就指出："本标准适用于结构钢、滚珠钢、工具钢及弹簧钢的热轧、锻造、冷拉条钢和钢坯。其他钢类要求作断口检验时，可参考本标准。"又如，GB/T 6394—2017《金属平均晶粒度测定法》指出："本标准适用于完全或主要由单相组成的金属平均晶粒度的测定方法和表示原则，也适用于与标准评级图形貌相似的组织即使用比较法。在任何情况下都可以使用面积法和截点法。本标准有四个系列标准评级图：分别适用于比较法中的奥氏体钢、铁素体钢、渗碳钢、不锈钢、铝、铜和铜合金、镁和镁合金、镍和镍合金、锌和锌合金、超强合金。本标准不适用于深度冷加工材料或部分再结晶变形合金的晶粒度测定。"

（3）要注意标准中的金相图片放大倍数。金相检验一般都采用比较法，即将在显微镜中呈现的组织与金相标准图片进行对比评级。金相显微镜有一系列的放大倍数；金相标准评级图片也有一定的放大倍数（一般是100倍、500倍、75倍，也有少量的评级图是400倍）。因此，在使用时，一定要使显微镜的放大倍数与所放大对照的金相标准图片倍数完全一致。否则就不能对比，评定无效。

（4）要及时采用新标准。随着技术和经济的发展，新的标准将陆续制订出来，一些老标准要进行修订，特别是国内标准要适应我国对外开放，必须逐步向国际标准靠拢，即要"参照采用"或"等效采用"国际标准和国外先进标准，以适应科学技术和经济发展的要求。

7.3.2　金相检验标准的应用举例

以《钢的游离渗碳体、珠光体和魏氏组织的评定方法》GB/T 13299—2022来说明标准的应用。

本标准规定钢的游离渗碳体、低碳变形钢的珠光体、带状组织及魏氏组织的金相评定方法；本标准适用于低碳、中碳钢的钢板、钢带和型材的显微组织评定；其他钢种根据有关标准或协议，可参照本标准评定[5]。

7.3.2.1　试样制取

试样切割一般采用冲、剪、锯等冷切割方法，关于低碳变形钢的珠光体、带状组织试样应取与变形方向相同的磨面；游离渗碳体和魏氏组织的取样磨面可以横向也可取纵向。

7.3.2.2　显微组织评定方法

评定游离渗碳体和低碳变形钢珠光体的放大倍数为400倍（允许360~450倍）；评定带状组织和魏氏组织的放大倍数为100倍（允许95~110倍）。评定视场直径为80mm，本标准采用与标准评级图相比较方法进行。评级时应选择磨面上各视场中最高级别处进行评定，评定结果以级别表示，级别特征在相邻2级之间，可附上半级，必要时应标明系列字母，如 1A、3B 等。

7.3.2.3 显微组织评定原则

A 游离渗碳体

评定含碳的质量分数不大于 0.15% 的低碳退火钢中的游离渗碳体，是根据渗碳体形状、分布及尺寸特征确定（关于标准评级图可参阅 GB/T 13299—2022）。表 7-1 是对评级图 3 个系列各 6 个级别的描述。

表 7-1 游离渗碳体

级别	组织特征		
	A 系列	B 系列	C 系列
0	游离渗碳体呈尺寸 ≤2 mm 的粒状，均匀分布	游离渗碳体呈点状或小粒状，趋于形成单层链状	游离渗碳体呈点状或小粒状均匀分布，略有变形方向取向
1	游离渗碳体呈尺寸 ≤5 mm 的粒状，均匀分布于铁素体晶内和晶粒间	游离渗碳体呈尺寸 ≤2 mm 的颗粒，组成单层链状	游离渗碳体呈尺寸 ≤2 mm 的颗粒，具有变形方向取向
2	游离渗碳体趋于网状，包围铁素体晶粒周边 ≤1/6	游离渗碳体呈尺寸 ≤3 mm 的颗粒，组成单层或双层链状	游离渗碳体呈尺寸 ≤2 mm 的颗粒，略有聚集，有变形方向取向
3	游离渗碳体呈网状，包围铁素体晶粒周边达 1/3	游离渗碳体呈尺寸 ≤5 mm 的颗粒，组成单层或双层链状	游离渗碳体呈尺寸 ≤3 mm 颗粒的聚集状态和分散带状分布，带状沿变形方向伸长
4	游离渗碳体呈网状，包围铁素体晶粒周边达 2/3	游离渗碳体呈尺寸 >5 mm 的颗粒，组成双层及 3 层链状，穿过整个视场	游离渗碳体呈尺寸 >5 mm 的颗粒，组成双层及 3 层链状，穿过整个视场
5	游离渗碳体沿铁素体晶界构成连续或近于连续的网状	游离渗碳体呈尺寸 >5 mm 的粗大颗粒，组成宽的多层链状，穿过整个视场	游离渗碳体呈尺寸 >5 mm 的粗大颗粒，组成宽的多层链状，穿过整个视场

注：各种游离渗碳体在视场中同时出现时，应以严重者为主，适当考虑次要者。
  A 系列：是根据形成晶界渗碳体网的原则确定，以个别铁素体晶粒外围被渗碳体网包围部分的比率作为评定原则。
  B 系列：是根据游离渗碳体颗粒构成单层、双层及多层不同长度链状和颗粒尺寸的增大原则确定。
  C 系列：是根据均匀分布的点状渗碳体向不均匀的带状结构过渡的原则确定。

B 低碳变形钢的珠光体（评级图可在标准中查阅）

评定碳的质量分数为 0.10%~0.30% 的低碳变形钢中的珠光体，要根据珠光体的结构（粒状、细粒状珠光体团或片状）、数量和分布特征确定。表 7-2 是对评级图中 3 个系列各 6 个级别组成的描述。

表 7-2 低碳变形钢的珠光体

级别	组织特征		
	A 系列	B 系列	C 系列
0	尺寸 ≤2 mm 的粒状珠光体，均匀或较均匀分布	细粒状珠光体团均匀分布	不大的细片状珠光体团均匀分布

级别	组织特征		
	A 系列	B 系列	C 系列
1	在变形方向上有线度不大的粒状珠光体	少量细粒状珠光体团沿变形方向分布，无明显带状	较大的细片状珠光体团较均匀分布，略呈变形方向取向
2	粒状珠光体呈聚集态沿变形方向不均匀分布	较大细粒状珠光体团沿变形方向分布	细片状珠光体团的大小不均匀，呈条带状分布
3	粒状珠光体聚集块较大，沿变形方向取向	较大细粒状珠光体团呈条带状分布	细片状珠光体聚集为大块，呈条带状分布
4	一条连续的及几条分散的粒状珠光体呈带状分布	细粒状珠光体团和局部片状珠光体呈条带状分布	连续的一条或分散的几条细片状珠光体带，穿过整个视场
5	粒状珠光体呈明显的带状分布	粒状珠光体及粗片状珠光体呈明显的条带状分布（条带的宽度应≥1/5视场直径）	粗片状珠光体连成宽带状，穿过整个视场

注：A 系列：适用于含碳量 0.10%~0.20% 冷轧钢中粒状珠光体的评级，级别数增大，则渗碳体颗粒聚集并趋于形成带状。

B 系列：适用于含碳量 0.10%~0.20% 热轧钢中细粒状珠光体团的评级，级别数增大，则粒状珠光体向形成变形带的片状珠光体过渡（并形成分割开的带）。

C 系列：适用于含碳量 0.21%~0.30% 热轧钢中珠光体的评级，级别数增大，则细片状珠光体由大小不匀而均匀分布的团状结构过渡到不均匀的带状结构，此时必须根据由珠光体聚集所构成的连续带的宽度评定。

C　带状组织（标准评级图可在标准中查阅）

评定珠光体钢中的带状组织，要根据带状铁素体数量增加，并考虑带状贯穿视场的程度、连续性和变形铁素体晶粒多少的原则确定。表 7-3 是对评级图中 3 个系列各 6 个级别组织特征的描述。

表 7-3　带状组织

级别	组织特征		
	A 系列	B 系列	C 系列
0	等轴的铁素体晶粒和少量的珠光体，没有带状	均匀的铁素体-珠光体组织，没有带状	均匀的铁素体-珠光体组织，没有带状
1	组织的总取向为变形方向，带状不很明显	组织的总取向为变形方向，带状不很明显	铁素体聚集，沿变形方向取向，带状不很明显
2	等轴铁素体晶粒基体上有 1~2 条连续的铁素体带	等轴铁素体晶粒基体上有 1~2 条连续的和几条分散的等轴铁素体带	等轴铁素体晶粒基体上有 1~2 条连续的和几条分散的等轴铁素体-珠光体带
3	等轴铁素体晶粒基体上有几条连续的铁素体带穿过整个视场	等轴晶粒组成几条连续的贯穿视场的铁素体-珠光体交替带	等轴晶粒组成的几条连续铁素体-珠光体交替带的带，穿过整个视场
4	等轴铁素体晶粒和较粗的变形铁素体晶粒组成贯穿视场的交替带	等轴晶粒和一些变形晶粒组成贯穿视场的铁素体-珠光体均匀交替带	等轴晶粒和一些变形晶粒组成贯穿视场的铁素体-珠光体均匀交替带

续表 7-3

级别	组织特征		
	A 系列	B 系列	C 系列
5	等轴铁素体晶粒和大量较粗的变形铁素体晶粒组成贯穿视场的交替带	变形晶粒为主构成贯穿视场的铁素体-珠光体不均匀交替带	变形晶粒为主构成贯穿视场的铁素体-珠光体不均匀交替带

　　注：A 系列：适用于含碳量小于或等于 0.15% 钢的带状组织评级。

　　　　B 系列：适用于含碳量 0.16%~0.30% 钢的带状组织评级。

　　　　C 系列：适用于含碳量 0.31%~0.50% 钢的带状组织评级。

　　D　魏氏组织（标准评级图可在标准中查阅）

　　评定珠光体钢过热后的魏氏组织，要根据析出的针状铁素体数量、尺寸和由铁素体网确定的奥氏体晶粒大小的原则确定。表 7-4 是对评级图中 2 个系列各 6 个级别组成的魏氏组织特征的描述。

表 7-4　魏氏组织

级别	组织特征	
	A 系列	B 系列
0	均匀的铁素体和珠光体组织，无魏氏组织特征	均匀的铁素体和珠光体组织，无魏氏组织特征
1	铁素体组织中，有呈现不规则的块状铁素体出现	铁素体组织中出现碎块状及沿晶界铁素体网的少量分叉
2	呈现个别针状组织区	出现由晶界铁素体网向晶内生长的针状组织
3	由铁素体网向晶内生长，分布于晶粒内部的细针状魏氏组织	大量晶内细针状及由晶界铁素体网向晶内生长的针状魏氏组织
4	明显的魏氏组织	大量的由晶界铁素体网向晶内生长的长针状的明显的魏氏组织
5	粗大针状及厚网状的非常明显的魏氏组织	粗大针状及厚网状的非常明显的魏氏组织

　　注：A 系列：适用于含碳量 0.15%~0.30% 钢的魏氏组织评级。

　　　　B 系列：适用于含碳量 0.31%~0.50% 钢的魏氏组织评级。

实　　验

一、实验目的

　　1. 学会在金相显微镜下分析组织。

　　2. 熟悉金属材料中常见基本组织形貌。

　　3. 掌握金相检验标准的应用。

二、实验内容

1. 在金相显微镜下观察工业纯铁、奥氏体不锈钢、T12 钢（退火态）、T8 共析钢、过共晶白口铁、上贝氏体、下贝氏体、板条马氏体、片状马氏体、低碳和高碳魏氏组织、带状组织以及各类石墨的组织。
2. 按照 GB/T 13299—1991《钢的显微组织评定方法》对给定的带状组织、魏氏组织的金相组织进行评定。
3. 按照 GB/T 6394—2017《金属平均晶粒度测定方法》对 T12 钢（退火态）、低碳魏氏以及高碳魏氏组织的原奥氏体晶粒的平均晶粒度进行测定。

三、实验报告要求

1. 写出实验目的、实验设备。
2. 绘制所观察到的组织形貌特征。
3. 表述显微组织检验评定过程及结果。
4. 对实验结果进行分析讨论。

思政之窗：采用金相检验国家标准对不同的组织进行评定检验，认识到不合格产品对社会、生命财产等的危害性，加深理解国家标准在产品质量中的重要作用。

德育目标：培养学生执行生产力标准的能力，做一名遵守职业道德的公民。

思 考 题

1. 什么是宏观与微观组织？
2. 为什么要分析研究组织？
3. 影响组织变化的条件有哪些？
4. 如何分析研究组织，依据是什么？
5. 铁素体的组织特征是什么，三次渗碳体的存在主要影响哪些性能？
6. 铁素体与奥氏体有何区别，组织有哪些差异？
7. 渗碳体有几种，每一种有哪些特点？
8. 网状渗碳体是如何形成的，对性能有何影响？
9. 珠光体、索氏体和托氏体的组织有何区别？
10. 上贝氏体与下贝氏体组织特征有何区别，各自的性能如何？
11. 板条马氏体和针状马氏体在形态上有何区别？
12. 魏氏组织是如何形成的，对性能有何影响？
13. 石墨有几种形态？
14. 带状组织是如何形成的，对性能有哪些影响？
15. 什么是标准，标准如何分类，金相检验标准属于哪一类？

参 考 文 献

［1］材料科学技术名词审定委员会. 材料科学技术名词［M］. 北京：科学出版社，2011.

［2］ 胡赓祥，钱苗根．金属学［M］．上海：上海科学技术出版社，1980．

［3］ 葛利玲．材料科学与工程基础实验教程［M］．2版．北京：机械工业出版社，2019．

［4］ 杨桂英，石德珂，王秀玲，等．金相图谱［M］．西安：陕西科学技术出版社，1988．

［5］ 冶金工业信息标准研究院冶金标准化研究所，中国标准出版社第五编辑室．金属材料金相热处理检验方法标准汇编［M］．北京：中国标准出版社，2006．

低倍金相显微组织分析

金相显微分析对材料的检验是非常重要的，但是由于材料宏观组织的不均匀性，借助于显微分析结果很难代表材料整体的情况，而低倍显微组织分析可以在很大程度上弥补这方面的不足。低倍显微组织分析是指用眼睛直接观察或在低倍（≤10×）放大镜、体视显微镜下观察材料的缺口、断口及粗大组织形貌的一种方法，特点是方法简单迅速，观察区域大，可综观全貌。此方法可以在较大范围内观察材料的组织和缺陷（如缩管、气孔、气泡、偏析等），借助于低倍组织分析还可以初步分析零件失效的原因。

8.1　体视显微镜简介

扫描电子显微镜虽然能显示三维图像，但其特别的规格使之减少为二维的表示。而且扫描电子显微镜样品室尺寸有限，无法观察较大尺寸的样品。断口形貌更多的要使用光学显微镜来观察，特别是体视显微镜。

体视显微镜（steromicroscope）又称实体显微镜、立体显微镜或操作和解剖显微镜，它采用两个独立的光学通路生成三维的光学影像，属于低倍数的复式光学显微镜，总放大率最大为320×，工作距离较长（一般为 35~630 mm），配有消色差或复消色差物镜，常用斜射光和透射光（明场或暗场）照明物体，具有成正像的特点[1]。

体视显微镜被广泛地应用于材料宏观表面分析、失效分析、断口分析。在生物学、医学临床观察，在电子、LED、手机制造等产业中可用于检查电器元件及集成电路，也可用于刑事犯罪案件的侦破、文物和艺术品的鉴定等。另外，在体视显微镜增加了偏光附件，可对各种矿物、晶体等进行鉴定。

8.1.1　体视显微镜的类型

体视显微镜有两种基本形式：一种是有一组物镜，中间像平面平行于物镜平面；另一种是由格里诺发明的双晶成对物镜，这对物镜完全相同，其光轴夹角一般在 12°~15° 之间，特点是容易校正色差，成本较低。

体视显微镜的倍率是由改变中间镜之间的距离而获得的，连续变倍范围最高为 7∶1，最高数值孔径大于等于 0.1，这个数值基本可视为当时世界上的先进水平。目前国内大部分显微镜生产厂大批量生产的是 1×~4×或 0.7×~4.5×的格里诺式连续变倍体视显微镜[1]。

8.1.2　体视显微镜的光学系统结构

体视显微镜分为有级变倍和无级变倍两种[1]。

（1）有级变倍体视显微镜。这种显微镜总的放大倍率有两种变换形式：一种通过更换物镜和目镜来实现（物镜有 1×、2×、4×等，目镜有 10×、15×等）；另一种通过变换物镜分挡的变倍系统和目镜来实现，其光路图如图8-1所示。变倍系统放大率可为0.63×、1×、1.6×、2.5×、4×等。

（2）无级变倍体视显微镜。连续变倍体视显微镜的光学系统由物镜、连续变倍系统和目镜组成，如图8-2所示。物镜垂轴放大率有0.5×、2×等；连续变倍系统比为0.7×～4.5×；目镜有10×、15×、20×、33×。

对于中、高级体视显微镜除备有斜射光照明装置外，还可配有透射光（明视场和暗视场）照明装置、描绘装置、摄影装置（包括自动曝光装置）、电视装置、偏光装置等。

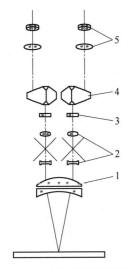

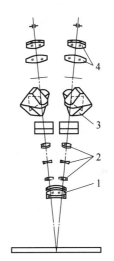

图8-1　有级变倍体视显微镜的光路图

1—大物镜；2—伽利略望远镜；

3—小物镜；4—棱镜；5—目镜

图8-2　连续变倍体视显微镜的光路图

1—物镜；2—连续变倍系统；

3—棱镜；4—目镜

8.1.3　体视显微镜的构造、使用及维护

8.1.3.1　结构图及操作

图8-3为SZN71体视显微镜结构图。其基本操作如下：

（1）接通电源，将显微镜电源开关置于"ON"（接通）状态，旋转亮度调节旋钮，顺时针旋转，则亮度增强，反之，则亮度减弱。

（2）将调焦机构的松紧度调整合适，可以防止显微镜镜体在观察过程中随托架自行下滑。

（3）把标本放置在玻璃工作板台的中间，用照明器照亮标本。

（4）视度调节及调焦（进行操作前，一定要拧紧目镜固定螺钉），根据样品的大小和放大倍数的要求旋转变焦手轮到所需的放大倍数，并聚焦。

（5）要实现摄影或摄像时，可将光路选择杆拉到最外头的位置。在这一位置，既保证了一路光线进入观察目镜，也实现了一路光线进入摄影装置。

8.1.3.2　仪器保养与维护

（1）显微镜使用完毕，按开关"O"，切断电源。

（2）长时期不用显微镜时，应将电源适配器插头从电源插座中拔出并妥善保管好各种

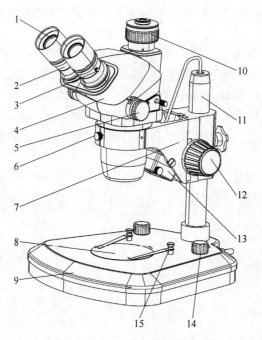

图 8-3　SZN71 体视显微镜结构图

1—眼罩；2—目镜；3—目镜固定螺钉；4—显微镜镜体；5—变焦手轮；6—镜体固定螺钉；
7—调焦托架组；8—玻璃工作台；9—底座；10—C 型摄像接筒；11—立柱；12—调焦手轮；
13—上灯源；14—调光手轮；15—压片

连接线。并将显微镜的防尘罩罩上，存放在干燥、通风、清洁且无酸碱蒸汽的地方，以免镜头发霉。

（3）显微镜长期使用中难免会有尘迹，或使用中如不小心造成了镜片的污染，请先用吹球吹掉表面污物再用脱脂棉或镜头纸蘸上少许乙醇乙醚混合液（比例 1∶4）轻轻擦拭。一般情况下由中心向外擦拭镜片表面较易擦拭干净。

注意：不论在何种情况下，都不得干擦镜片表面，否则镜片会被划伤。另外，也不得用水或其他溶液清洁镜片。

（4）仪器表面可用清洁的软布擦拭，重的污垢可用中性清洁剂擦拭。

（5）为保持显微镜的性能，应对仪器进行定期检查和维护。

8.2　宏观断口分析

试样断口检验是评定金属质量的一种公认的简单方法，也是质量控制和失效分析中的一种基本方法。

零件断裂后的自然表面称为断口，断口分析（fractography analysis）就是分析断口宏观和微观特征形貌的技术与方法，是失效分析的主要技术手段之一[2]。其中宏观断口的形貌、轮廓线和粗糙度等特征，真实记录了断裂过程中的许多信息，如断裂的裂纹起源、扩展和最终断裂三个阶段的大小、特征等。因此，分析宏观断口可查明断裂发生的原因，为推断断裂所经历的过程提供依据，进而确定断裂性质及断裂机理，为改进设计、改进加工工艺、合理选材和用材等指明方向，以防止类似事故再次发生。

8.2.1 宏观断口分析的方法

断口分析通常包括宏观形貌特征和显微形貌特征两个方面的内容。宏观断口反映断口的全貌；微观断口则揭示断口的本质。断口分析的方法包括宏观断口分析、光学显微镜断口分析和电子显微镜断口分析三种。

分析宏观断口时，首先应观察断口的全貌，再把断口按区域划分，分别对每个区域进行放大观察，特别对最关键的部位要进行重点分析研究。根据断口表面的颜色、变形程度、金属光泽、凹凸情况及其分布等宏观形貌特征，就可判断出断口的受力状态、环境介质的影响、裂纹的萌生及扩展等特点。

8.2.2 宏观断口分析的注意事项

（1）断口样品的选择。在分析断裂的零件时，首先要从断裂的零件中选取断口样品，最重要的是选择最先开裂的断口样品。在取样时，尽量不要损伤断口表面，而且要使断口保持干燥，防止污染。

（2）断口的清洗。分析断口时一定要保护好断口，不使其污染，最好在试样或零件断裂后立即进行观察。如果断口上有灰尘、污垢和腐蚀物，已无法观察到真实的断口形貌特征，则需要对断口试样进行清洗。清洗前应对这些污物进行仔细检查，往往可从中获得断裂的重要信息，为确定试样断裂的原因提供有力证据。清洗试样时，为避免断口的腐蚀破坏，应尽量使用丙酮、三氯乙烯等有机试剂，不用酸、碱等腐蚀性试剂。清洗干净后的断口试样应及时吹干或烘干，避免生锈或再次污损。

8.2.3 宏观断口分析的内容

通过对宏观断口的观察分析，大致可以得到以下内容。

8.2.3.1 试样的成分鉴别

断口形貌可以提供一些金属的粗略分类。通过观察断口可以判断铸铁的类型[3]，如灰口铸铁断面呈灰色，白口铸铁断面呈白色，部分常见金属的断口形貌见表 8-1。

表 8-1 部分常见金属的断口形貌

金 属	断口外形	金 属	断口外形
灰口铁	粗晶、灰色	低碳钢	细晶、灰色
可锻铸铁	细晶、黑色	工具钢	晶粒极细（丝光状）、浅灰
熟铁	纤维状、浅灰		

8.2.3.2 质量评价

（1）通过观察铸件断口部分晶粒的大小、形状可以研究结晶过程中各种因素（浇注温度、冷却速度、不熔杂质等）对铸件组织的影响。还可以观察到各种明显的缺陷，如缩孔、枝晶偏析、气孔、宏观偏析等，这些缺陷往往是引起零件断裂的源头。

1）缩孔（shrinkage cavity）是金属与合金凝固过程时体积收缩得不到补充而最后凝固部位形成的空腔[2]。图 8-4 所示为铸钢的集中缩孔。

2）气孔（gas hole）是在铸件凝固过程中，由气体形成的气泡造成的空洞[2]。铸件中不同类型的气孔见图 8-5~图 8-7。

3）宏观偏析又称区域偏析（regional segregation）是在铸坯或铸件的整个断面上，用肉眼或低倍放大镜看到的局部成分不一致的现象[2]。图 8-8 为灰口铁连铸棒宏观偏析。

4）枝晶偏析（dendrite segregation）合金以树枝凝固时，枝晶干中心部位与枝晶间的溶质浓度明显不同的成分不均匀现象[2]，获得的组织形貌为树枝状。图 8-9 为铸钢的缩孔及树枝晶宏观形貌。

图 8-4　铸钢中的集中缩孔（1×）

图 8-5　灰铸铁中的析出性气孔（1×）

图 8-6　铸钢中反应性气孔（1×）

图 8-7　灰口铁中因含有铝（0.35%）
而造成的反应性气孔（1×）

图 8-8　灰口铁连铸棒宏观组织不均匀（1×）

图 8-9　铸钢的缩孔及树枝晶宏观形貌（5×）

（2）经过各种工艺处理的脆性零件打断后，可根据断口上晶粒的大小鉴定各种工艺的正确性。如高速钢在约 1250 ℃以上加热产生过热或重复淬火之间未经退火，而造成其断口呈现有类似萘晶的颗粒萘，称为萘状断口，是一种脆性的粗晶断口（如图 8-10 所示）

高速钢的萘状断口用一般热处理工艺不能消除[4]。

（3）观察失效零件的断口，如疲劳断口、应力腐蚀断口及白点等可以初步分析零件失效的原因。通过断口的宏观形貌，大体上可判断出断裂的类型。

1）脆性断口：脆性断口一般平齐而光亮，与正应力垂直，断口上常有人字纹或放射性条纹。典型脆性断口为结晶状，如图 8-11 所示（T8 钢退火态一次摆锤冲击断口）。图 8-12 为灰口铁轴类零件的拉伸断口宏观形貌，其断口平齐，为脆性断口。

2）韧性断口：韧性断口一般在断裂前会发生明显的宏观塑性变形，断口呈暗灰色、纤维状。塑性变形明显的断口，

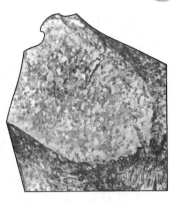

图 8-10　高速钢的
萘状断口（1×）

由于体视显微镜的景深范围有限，需要借助扫描电子显微镜低倍来观察断口形貌。图 8-13 为扫描电子显微镜拍摄的 Q345 低碳合金钢的拉伸断口低倍断口形貌，呈典型的韧性断口，图 8-13a 为杯状，图 8-13b 为锥状。图 8-14 为断口心部高倍显微组织，呈典型的韧窝形貌。

图 8-11　典型脆性断裂
宏观形貌（结晶状）（7×）

图 8-12　灰口铁拉伸脆性断裂
宏观形貌（7×）

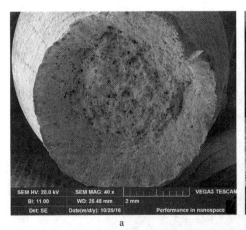

a

b

图 8-13　Q345 低碳合金钢拉伸断口形貌（40×）

a—杯状；b—锥状

图 8-15 为 45 钢退火态经一次摆锤冲击后的断口形貌，其中边沿呈纤维状为韧性断，中心为结晶状呈脆性断。

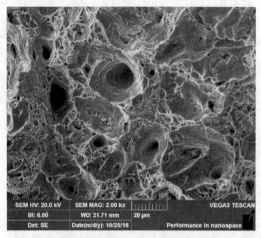 

图 8-14　Q345 低碳合金钢韧性断口心部组织（2000×）　图 8-15　45 钢退火态冲击断口宏观形貌（7×）

3）疲劳断口：在循环负荷或交变应力作用所引起的断裂现象称为疲劳断裂，其断口被称为疲劳断口。在所有的零件损坏中，疲劳损坏的比例最高，约占 90%。疲劳断口一般可分为三个区域：

①疲劳源：由于材料的质量、加工缺陷或结构设计不当等原因，在零件的局部区域会造成应力集中，这些区域就是疲劳裂纹产生的策源地——疲劳源。

②疲劳裂纹扩展区：疲劳裂纹产生后，在交变应力作用下继续扩展长大，在疲劳裂纹扩展区常常留下一条条以疲劳源为中心的同心弧线，这些弧线形成了像贝壳一样的花样，也称贝纹线。在疲劳裂纹扩展区，材料的宏观塑性变形很小，表现为脆性断裂。

③最后断裂区：由于疲劳裂纹不断扩展，使零件的有效断面逐渐减少，应力不断增加，当应力超过材料的断裂强度时，则发生断裂，形成最后断裂区。对于塑性材料，最后断裂区为纤维状、暗灰色；而对于脆性材料，则是结晶状。

疲劳断口一般会出现贝壳纹线。图 8-16 为轴类零件在交变应力条件下形成的典型疲劳断口。从图上可以看到疲劳源（在轴的表面）和疲劳纹（贝壳状）。

疲劳源

图 8-16　典型的疲劳断口（10×）

通过断口的宏观形貌，还可大体上找出裂纹源位置和裂纹扩展路径，粗略地找出断裂的原因。从图 8-17 疲劳断口可知，裂纹源在零件的内部气孔处，裂纹由内部往外扩展。图 8-18 为 45 钢螺杆弯曲疲劳断口，裂纹起源于螺纹根部（图的上部），由于所加力为恒应力，裂纹扩展越来越快，前期扩展较慢，加之有磨损现象，扩展区呈灰暗色，后期扩展快，瞬断区呈结晶状。

图 8-17 裂纹源在零件内部气孔处（1×）　　　图 8-18 45 钢螺杆的弯曲疲劳断口形貌（7×）

8.3 磨片的低倍金相组织

磨片分析就是把试样在粗砂纸上磨平（一般磨制到 No. 600 或 No. 800 砂纸），用清水冲洗后进行低倍浸蚀（在给定条件下进行的金属样品表面腐蚀，用于低倍下的组织观察，放大倍数一般不超过 10 倍），再用清水冲洗并擦去表面不洁物，然后观察其表面，常用浸蚀剂见表 8-2。在工厂中，此方法是低倍检验的主要方法，又称为酸蚀法。进行磨片分析时，不同材料要选用不同的腐蚀剂，表 8-2 仅列出了几种常用的腐蚀剂。磨片分析主要应用于以下几个方面。

表 8-2 宏观分析常用腐蚀试剂

编号	腐蚀剂成分	使用条件	用途
1	盐酸（密度 1.19 g/mL）　50 mL 水　50 mL	加热至 60~70 ℃ 或在沸腾时用，腐蚀时间 15~30 min	显示钢中偏析、杂质、裂缝和疏松，主要用于碳钢
2	盐酸（密度 1.19 g/mL）　38 mL 硫酸（密度 1.84 g/mL）　12 mL 水　18 mL	加热至 95 ℃ 或在沸腾时使用，腐蚀时间 15~36 min	使用同上。主要用于不锈钢。可和强腐蚀剂一样作深腐蚀用
3	盐酸（密度 1.19 g/mL）　50 mL 硫酸（密度 1.84 g/mL）　7 mL 水　18 mL	加热或沸腾时用，腐蚀时间为 15~60 min，用热水洗或 Na_2CO_3 溶液中和	用于腐蚀各种钢。显示树枝状、纤维状组织，疏松、偏析和其他缺陷
4	硝酸（密度 1.49 g/mL）　10 mL 水　90 mL	在室温时用	显示碳钢、低合金钢的宏观组织
5	硝酸（密度 1.49 g/mL）　1 份 盐酸（密度 1.19 g/mL）　3 份	预先把溶液加热到 80 ℃	可显示铸态和锻造的奥氏体钢的宏观组织

编号	腐蚀剂成分	使用条件	用 途
6	过硫酸铵　10g 水　90 mL	用棉花沾腐蚀剂擦试样表面	显示焊缝结构
7	氢氟酸（浓）　15 mL 硝酸（密度1.49 g/mL）　15 mL 盐酸（密度1.19 g/mL）　45 mL 水　25 mL	放在腐蚀液中腐蚀，直到看见组织为止	显示铝合金的宏观组织
8	重铬酸钾　15g 硫酸（密度1.84 g/mL）　100 mL 水　100 mL	腐蚀剂先预热到60 ℃，腐蚀5～10 min	显示青铜的粗视组织
9	重铬酸钾　25g 硫酸（密度1.84 g/mL）　60 mL 加水到　500 mL	室温腐蚀	显示锻件硫的分布（纤维组织）
10	三氯化铜　85g 氯化铵　53g 水　10 mL	腐蚀20～60 min，然后用水冲洗，并轻轻擦去表面铜膜	显示低碳钢焊缝粗视组织，可看到大的气孔、硫磷夹杂物的分布
11	醋酸（浓）　10 mL 水　90 mL	用棉花沾腐蚀剂擦试样表面	显示镁合金粗视组织

8.3.1　铸件的晶粒大小、形状及分布

　　铸锭结晶后，其晶粒大小、形状和分布不仅取决于形核率和长大速度，而且与凝固条件、合金成分及其加工过程有关。实际生产过程中，铸锭不可能在整个界面上均匀冷却，并同时开始凝固。因此，铸锭凝固后的组织一般是不均匀的，这种不均匀将引起金属材料性能的差异[5]。典型的铸锭组织可分为三个区域：靠近模壁为细等轴晶（由于激棱形成）；由细等轴晶区向铸锭中心生长的柱状晶区（即沿着散热方向生长的柱状晶区）；铸锭中心为较粗大的等轴晶区（由均匀散热形成的位向各异的中心等轴晶区）。例如：纯铝在680 ℃浇铸到3 mm铁模形成的典型三晶区（见图8-19a），中心为粗大的等轴晶，往外是柱状晶，最外层是细小的等轴晶。但改变液体金属凝固条件，如浇铸温度、铸模材料、铸模壁厚，铸模温度，铸锭大小以及是否加变质剂等，则将改变三个晶区的大小与形态。特别是柱状区和等轴晶区的相对面积和各自的晶粒大小。提高浇铸温度，增加模壁厚度，可使液态金属获得较大的冷却速度，造成较大的内外温差，同时加大了散热的方向性，将有利于柱状晶区的发展，图8-19b为纯铝在800 ℃浇铸到3 mm铁模形成的单一柱状晶构成的铸锭组织又称为"穿晶组织"。在一般铸件中都希望得到等轴晶晶粒，通过机械振动，磁场搅拌，超声波处理等，可促进形核，从而减弱柱状晶的生长，有利于细小等轴晶生长。尤其是加入变质剂，促进非均匀形核，在其他条件相同的情况下等轴晶大大细化。图8-19c是在铝锭浇铸时加入 Si-Fe 变质剂，从而得到均匀细小的等轴晶。铸件壁厚对晶粒大

小有很大影响[6]，图 8-20 为纯铝阶梯试样的铸锭宏观组织形貌，清晰地观察到铸件壁厚不同晶粒大小明显不同。

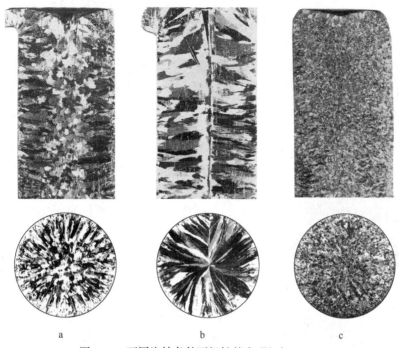

a   b   c

图 8-19　不同浇铸条件下铝锭的宏观组织（1×）

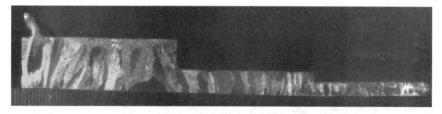

图 8-20　纯铝阶梯试样的铸锭宏观组织（1×）

8.3.2　铸锭缺陷的检验

铸锭中有些微小的疏松、缩孔、夹杂、气泡和裂纹等缺陷在断口上不易直接看出，需要通过磨平腐蚀后才能观察到[7]。

白点（flake）钢在冷却过程中产生的一种内部裂纹。在纵向试样上表现为圆形或椭圆形的银白色斑点，是钢中的氢和组织应力共同作用的结果[2]。图 8-21 为铸锭纵断面，白点清晰可见。在铸锭横断面的白点为裂纹（见图 8-22），这是由于用盐酸水溶液在 60 ~ 70 ℃浸蚀后，裂纹处因易受腐蚀而使缺陷增大，从而可清楚地显示出来。

缩孔残余呈不规则的皱折缝隙，钢坯切头太少时会出现宏观的空洞。图 8-23 为 GCr15 钢锭的缩孔残余（中心部位），缩孔残余附近区域一般会出现密集的夹杂物、疏松或偏析。这是区别缩孔残余和各种内裂的依据。

图 8-21　白点（纵断面）（1×）

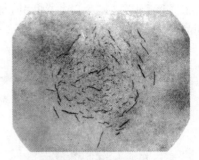

图 8-22　发裂（白点）（横断面）（1×）

低倍组织还可以检查材料化学成分的不均匀性（如方框偏析、枝晶偏析、点状偏析等）、夹杂物、夹渣等的分布状况，图 8-24 中的夹渣肉眼可见。

图 8-23　缩孔残余、翻皮及疏松（1×）

图 8-24　肉眼可见的夹渣（1×）

8.3.3　锻件缺陷的检验

铸锭在锻造过程中经常会出现流线、发纹、折叠及翻皮等缺陷[7]。图 8-25 为钢在锻造过程中形成的流线分布不良现象。这种流线分布不良现象是枝晶偏析和非金属夹杂物在热加工过程中沿加工方向延伸的结果。由于流线的存在，使钢的性能出现方向性，流线的横向塑性、韧性远比纵向低。因此零件在热加工时力求流线沿零件轮廓分布，使其与零件工作时要求的最大拉应力的方向平行，而与外加剪切应力或冲击力的方向垂直。

图 8-25　流线分布不良（1×）

8.3.4　焊接质量分析

通过焊接件焊缝的宏观组织分析，可了解焊接的组织状况、热影响区的大小、是否有气孔、夹渣等缺陷。焊接缺陷分为外部缺陷和内部缺陷。

外部缺陷包括：余高尺寸不合要求、焊瘤、咬边、弧坑、电弧烧伤、表面气孔、表面裂纹、焊接变形和翘曲等。

内部缺陷包括：裂纹、未焊透、未熔合、夹渣和气孔等。

焊接缺陷中危害性最大的是裂纹，它破坏了金属的连续性和完整性，降低接头抗拉强度，若裂缝端部是一个尖缺口，将引起应力集中，促使焊件在较低应力下发生脆性破坏。其次是未焊透、未熔合、夹渣、气孔等。个别缺陷是允许存在的，允许存在的缺陷数量、性质依产品的使用条件和质量评定标准确定。

8.3.4.1 焊接裂纹

焊接裂纹按尺寸的大小可分为宏观裂纹与微观裂纹，按形成的温度可分为热裂、冷裂和再热裂。产生的原因主要是应力因素和冶金因素。

（1）热裂（hot cracking）。热裂是铸件凝固过程中收缩受阻，在固相线附近的高温区形成的裂纹[3]。热裂纹可分为结晶裂纹、液化裂纹和高温失塑裂纹。在焊缝金属凝固的后期，当固相晶粒长大，开始接触，而液相逐渐减少并残留在晶粒的间隙内，形成液相薄膜，在焊接应力作用下，很容易使液膜破裂，形成裂缝，由此原因形成的裂纹被称为结晶裂纹，经常出现在焊缝中心（见图 8-26）。

（2）冷裂（cold cracking）。冷裂是铸件完全凝固后，在冷却过程中，由于收缩受阻而使已经凝固的铸件被撕裂而形成的裂纹[2]。其中最常见的是和氢有关的裂纹称为氢脆裂纹（或氢裂纹），它形成的温度范围通常为马氏体转变范围约 300 ℃以下。一般在焊接低合金高强度钢、中碳钢、合金钢等易淬火钢的焊接接头中容易出现。其特征：多发生在热影响区中熔合线与过热区，特别在焊道下（熔合线附近）、焊趾及焊根等部位。图 8-27 是 Cr-Al 系钢手工电弧焊接时产生的熔合线裂纹。

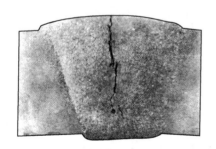

图 8-26 焊缝中结晶裂纹分布（热裂纹）

图 8-27 Cr-Al 系钢的熔合线裂纹（冷裂纹）

冷裂纹不一定在焊接时就产生，常常延迟几小时、几天、几周甚至更长时间才发生，逐渐出现，越来越多。这种延迟性裂纹具有很大的危险性。

8.3.4.2 未熔合（未焊透）

熔化金属和基体金属之间，或相邻焊道之间，未完全熔化结合的部分称为未熔合。它使焊缝截面削弱，降低焊接接头强度，引起应力集中导致裂缝扩展。未焊透和未熔合对焊接件危害也很大，故不允许存在。

图 8-28 为 Q235 钢的埋弧焊焊接接头宏观组织，从图中可以清晰看出，焊接接头由焊缝、热影响区（靠近焊缝的母材上暗黑色的部分）和母材三部分构成。但焊缝结合不好，会出现明显的未焊透缺陷（图片中间部分）。

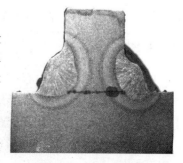

图 8-28 Q235 钢的焊缝组织（未焊透）

8.3.4.3　夹渣

由于焊缝坡口不清洁，或前一道焊缝的熔渣没有清除干净，或焊接工艺不当，往往会使焊渣来不及排出而留在焊缝中。显微镜下可以看到不同程度的呈灰白色的氧化物残渣。

8.3.4.4　气孔

由于焊缝坡口不清洁，有锈蚀、油污、潮湿等，致使在焊接过程中产生大量气体，在焊缝凝固过程中来不及逸出而留在焊缝金属内，便形成气孔。气孔在焊缝表面和内部都会存在，形状一般呈椭圆形，有时也呈针状。

有关低倍组织缺陷的检验可查阅相关资料或国家标准。

实　验

一、实验目的

1. 初步掌握低倍分析材料质量的原理及方法。
2. 理解浇注条件对铸锭组织的影响。
3. 了解金属铸件、锻件、焊接件的宏观组织特征。
4. 学会识别典型断口形貌。

二、实验设备及材料

1. 体视显微镜、金相显微镜、放大镜。
2. 拉伸断口、冲击断口和疲劳断口样品。
3. 不同浇注条件下的纯铝铸锭。
4. 铸锭缺陷（疏松、缩孔、夹杂、气泡和裂纹）的样品。
5. 具有焊缝宏观缺陷的试样若干。

三、实验内容及步骤

1. 观察纯铝在不同浇注条件下的铸锭宏观组织形貌。
2. 观察低碳钢焊接接头的宏观缺陷组织的特征。
3. 观察白口铸铁与灰口铸铁断口的特征。

四、实验报告要求

1. 写出实验目的及内容。
2. 简述脆性断口、韧性断口及疲劳断口的形貌特征。
3. 分析凝固条件对铸锭宏观组织的影响。
4. 分析焊接缺陷类型及形成原因，这些缺陷对材料质量的影响和消除办法，并画出组织示意图。
5. 分析各类宏观缺陷对材料性能的影响。

思政之窗："千里之行，始于足下"。材料的宏观与低倍组织正确与否，是判别材料能否使用的第一道关卡。正确认识和理解宏观组织缺陷产生原因，才能提出有效的解决措施和改进方法。

德育目标：培养脚踏实地的工作作风。

思 考 题

1. 体视显微镜的组成与功能？
2. 宏观分析方法有几种？
3. 断口分析适用于哪些材料，包括哪些分析内容？
4. 脆性断口、韧性断口及疲劳断口是如何形成的？
5. 磨片分析适用于哪些材料，包括哪些分析内容？
6. 浇注条件对纯铝铸锭组织的影响如何？
7. 常见的铸锭宏观缺陷有哪些，对材料性能有哪些影响？
8. 焊接宏观缺陷有哪些类型，其形成原因是什么？

参 考 文 献

[1] 萧泽新，陈奕高. 现代金相显微分析及仪器 [M]. 西安：西安电子科技大学出版社，2015.

[2] 材料科学技术名词审定委员会. 材料科学技术名词 [M]. 北京：科学出版社，2011.

[3] 屠世润，高越，等. 金相原理与实践 [M]. 北京：机械工业出版社，1990.

[4] 杨桂英，石德珂，王秀玲，等. 金相图谱 [M]. 西安：陕西科学技术出版社，1988.

[5] 葛利玲. 材料科学与工程基础实验教程 [M]. 2版. 北京：机械工业出版社，2019.

[6] 黄积荣. 铸造合金金相图谱 [M]. 北京：机械工业出版社，1980.

[7] 冶金工业部钢铁研究所编. 钢的金相图谱——钢的宏观组织与缺陷 [M]. 北京：冶金工业出版社，1975.

9 常用金属材料典型金相组织

材料组织结构是材料科学与工程"成分、结构、工艺、性能与用途"四大要素中必不可少的要素，也是决定材料性能与使役行为的主要因素。本章主要介绍借助于光学金相显微镜拍摄的常用金属材料典型金相组织特征，组织图片有相应的材料成分、工艺、浸蚀条件以及组织说明，每一节有配套的图片解读视频，有助于读者理解组织特征，强化对材料显微组织识别的能力。

9.1 铁碳合金平衡组织

自 1900 年英国冶金学家罗伯茨·奥斯汀绘制出了第一幅铁碳合金相图，使钢铁的相变与热处理有了理论指导[1]。现在使用的铁碳合金相图不仅是研究铁碳合金组织的工具，也是确定其热加工工艺的重要依据。

所谓铁碳合金平衡组织，是指合金在极为缓慢的冷却条件下凝固并发生固态相变所得到的组织，其相变过程按 Fe-Fe₃C 合金相图进行[2]。

铁碳合金在室温下的平衡组织均由铁素体（F）和渗碳体（Fe₃C）两相组成，并随着碳含量的不同，两者的数量、大小、形态和分布有所不同。高温下还有奥氏体（A）和 δ 固溶体相。奥氏体是碳溶解在 γ-Fe 中的间隙固溶体，铁素体是碳在 α-Fe 中的间隙固溶体。δ 固溶体通常称为高温铁素体，其结构与 α-Fe 相同。而渗碳体是铁与碳形成的间隙化合物，具有复杂的斜方结构。由于铁碳合金在室温下的平衡组织是由铁素体和渗碳体两个基本相组成。因此，铁素体和渗碳体的性能对铁碳合金有着重大影响。低温铁素体具有体心立方结构，在 727 ℃ 时溶碳量为 0.0218%，在 600 ℃ 溶碳量仅为 0.006%，在 230 ℃ 以下具有磁性，布氏硬度 80 HB 左右，塑性很好。渗碳体的含碳量为 6.69%，布氏硬度高达 800 HB，硬而脆。

铁碳合金按照含碳量的不同，可分为工业纯铁、碳钢及白口铸铁三部分，含碳量不同其结晶后组织特征与性能大不相同。

9.1.1 工业纯铁

将 $w(C)<0.0218\%$ 的铁碳合金称为工业纯铁。在室温下组织为等轴状铁素体，但含碳量接近 0.0218% 时，会有沿铁素体晶界分布的三次渗碳体，见图 9-1 和图 9-2。

9.1.2 碳钢

碳的质量分数在 0.0218%~2.11% 之间的铁碳合金称为碳钢。碳钢又根据含碳量的不同可分为亚共析钢、共析钢和过共析钢[3]。

图 9-1　工业纯铁退火组织（100×）
浸蚀：4%硝酸酒精
组织：等轴状铁素体晶粒

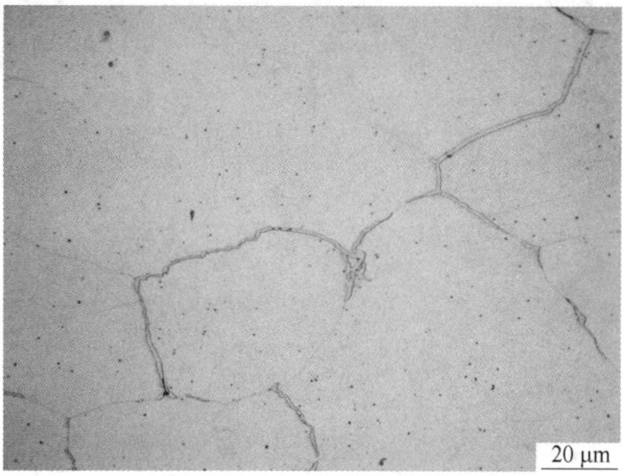

图 9-2　工业纯铁退火组织（500×）
浸蚀：4%硝酸酒精
组织：等轴状铁素体晶粒+三次渗碳体

（1）亚共析钢。亚共析钢的碳含量为 0.0218%～0.77%，室温组织均为铁素体+珠光体组成。不同的是在这个成分范围内，随着含碳量的增加，铁素体的量减少，珠光体的量增加，其力学性能随着碳含量的增加，强度、硬度增加，塑性、韧性下降。根据亚共析钢的平衡组织估计的含碳量：$w(\mathrm{C}) \approx \mathrm{P} \times 0.8\%$，式中 P 为珠光体在显微组织中所占的面积百分比，0.8 是珠光体含碳量 0.77% 的近似值。不同含碳量的亚共析钢的室温显微组织见图 9-3～图 9-6。

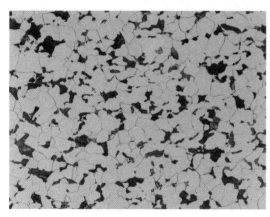

图 9-3　20 钢退火组织（200×）
浸蚀：4%硝酸酒精
组织：铁素体+珠光体

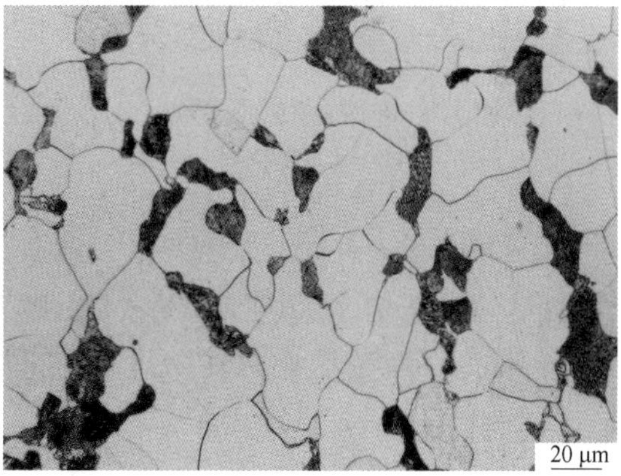

图 9-4　20 钢退火组织（500×）
浸蚀：4%硝酸酒精
组织：铁素体+珠光体

（2）共析钢。共析钢的碳含量为 0.77%，室温下组织为珠光体即铁素体（F）与渗碳体（$\mathrm{Fe_3C}$）的共析产物，呈层片状分布，见图 9-7。采用电子显微镜（碳-塑料二次复型制样）高倍放大可看到组织中窄条为 $\mathrm{Fe_3C}$，宽条为 F，见图 9-8。

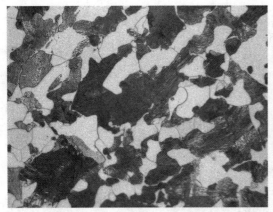

图 9-5　45 钢退火组织（500×）

浸蚀：4%硝酸酒精

组织：铁素体+珠光体

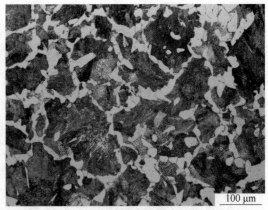

图 9-6　60 钢退火组织（500×）

浸蚀：4%硝酸酒精

组织：铁素体+珠光体

图 9-7　T8 钢退火组织（500×）

浸蚀：4%硝酸酒精

组织：珠光体（层片状）

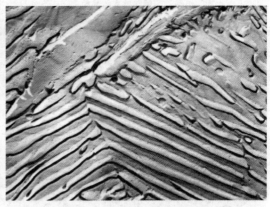

图 9-8　T8 钢退火组织（5000×）

（塑料-碳二次复型透射电镜拍摄）

浸蚀：4%硝酸酒精

组织：珠光体（细条为渗碳体，宽条为铁素体）

（3）过共析钢。过共析钢碳的质量分数为 0.77%~2.11%，其室温下的组织由珠光体+二次渗碳体（沿奥氏体晶界析出，并呈网状分布）组成。T12 钢的组织见图 9-9 和图 9-10。

9.1.3　白口铸铁

白口铸铁的碳含量在 2.11%~6.69%，并根据含碳量不同，可分为亚共晶白口铸铁、共晶白口铸铁和过共晶白口铸铁。

（1）亚共晶白口铸铁。亚共晶白口铸铁的碳含量为 2.11%~4.3%，其室温下的组织为树枝状珠光体+室温莱氏体（L'd）+二次渗碳体，因二次渗碳体与共晶渗碳体混为一体，辨认不出。因而室温组织可认为是 P+L'd，见图 9-11 和图 9-12。

（2）共晶白口铸铁。共晶白口铸铁的碳含量为 4.3%，其室温下的组织为低温莱氏体（L'd），即渗碳体基体上分布着短棒式小条状的珠光体，在横截面的组织形态为渗碳体基体上分布颗粒状和小条状的珠光体，共晶白口铸铁还有鱼鳞状（见图 9-13）。

图 9-9 T12 钢退火组织（500×）
浸蚀：4%硝酸酒精
组织：层片状珠光体+网状二次渗碳体（白色）

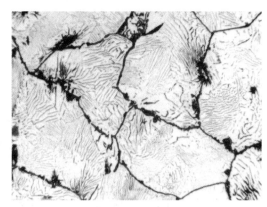

图 9-10 T12 钢退火组织（500×）
浸蚀：碱性苦味酸钠水溶液热蚀
组织：层片状珠光体+网状二次渗碳体（黑色）

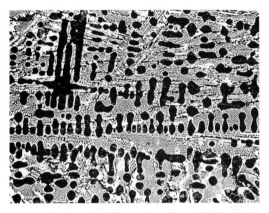

图 9-11 亚共晶白口铸铁组织（200×）
浸蚀：4%硝酸酒精
组织：树枝状珠光体+室温莱氏体+二次渗碳体

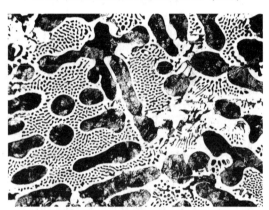

图 9-12 亚共晶白口铸铁组织（500×）
浸蚀：4%硝酸酒精
组织：树枝状珠光体+室温莱氏体+二次渗碳体

（3）过共晶白口铸铁。过共晶白口铸铁的碳含量在 4.3%~6.69%，其室温下组织为粗大杆状的一次渗碳体+室温莱氏体即：$Fe_3C_1+L'd$，见图 9-14。

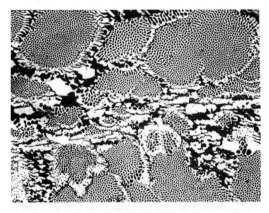

图 9-13 共晶白口铸铁组织（200×）
浸蚀：4%硝酸酒精
组织：室温莱氏体

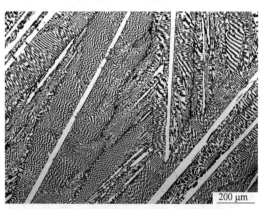

图 9-14 过共晶白口铸铁组织（100×）
浸蚀：4%硝酸酒精
组织：室温莱氏体+一次渗碳体（白色杆状）

9.2　二元与三元合金典型组织

二元与三元合金相图中典型组织形态是研究材料显微组织的基础，依据相图可得知不同成分的合金在平衡与非平衡态下具有的显微组织特征，当组织组成物的本质、形态、大小、数量和分布特征不同时，尽管相组成物的本质相同，其合金的性能也不一样[3,4]。

9.2.1　二元合金组织

二元合金相图中匀晶相图、共晶相图以及包共晶相图是二元合金结晶过程组织分析的基础，也是分析多元合金相图结晶过程组织分析的基础。因此，理解二元合金中典型组织形成的特征非常重要，尤其是初晶形态和共晶形态的组织特征。图9-15~图9-24为不同二元合金的典型组织形态。

图9-15　Cu-Ni 合金（80%Cu，20%Ni）
铸态组织（50×）
浸蚀：三氯化铁盐酸水溶液
组织：树枝状的 α 固溶体（偏析）

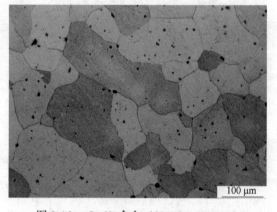

图9-16　Cu-Ni 合金（80%Cu，20%Ni）
扩散退火组织（100×）
浸蚀：三氯化铁盐酸水溶液
组织：等轴状 α 固溶体（黑色点状为铸造缺陷和夹杂物）

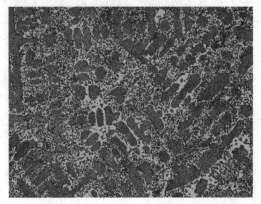

图9-17　Pb-Sn 亚共晶合金组织（200×）
浸蚀：4%硝酸酒精
组织：树枝状 α 初晶+(α+β) 共晶体

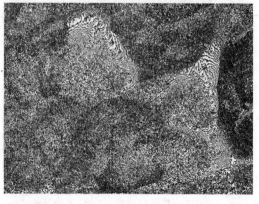

图9-18　Pb-Sn 共晶合金组织（500×）
浸蚀：4%硝酸酒精
组织：层片状的（α+β）共晶体

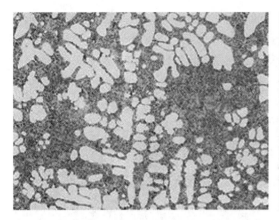

图 9-19　Pb-Sn 过共晶合金组织（200×）
浸蚀：4%硝酸酒精
组织：β 初晶（白色）+(α+β) 共晶体

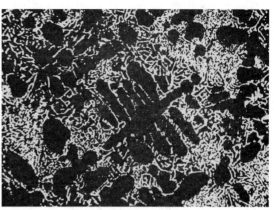

图 9-20　Pb-Sb 亚共晶合金（5%Sb）组织（100×）
浸蚀：4%硝酸酒精
组织：树枝状 α 初晶+(α+β) 共晶体+β_II
（α 初晶上呈白色点状）

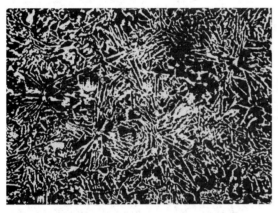

图 9-21　Pb-Sb 共晶合金（11.2%Sb）组织（100×）
浸蚀：4%硝酸酒精
组织：(α+β) 共晶体

图 9-22　Pb-Sb 过共晶合金（30%Sb）组织（100×）
浸蚀：4%硝酸酒精
组织：β 初晶（白色块状）+(α+β) 共晶体+α_II
（β 初晶上呈黑色点状）

图 9-23　Pb-Sb 过共晶合金（加2%Cu）组织（100×）
浸蚀：4%硝酸酒精
组织：β 初晶（白色块状）+(α+β)
共晶+Cu_2Sb（长针状）

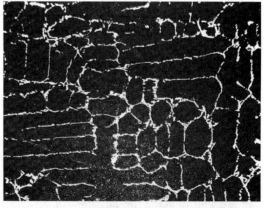

图 9-24　Pb-Sb 亚共晶合金（3.54%Sb）组织（100×）
浸蚀：4%硝酸酒精
组织：离异共晶组织（α+β+β_II），共晶体中 α 相依附于
初晶 α 析出，形成离异的网状 β

　　二元合金中共晶组织因组成相的本质不同、冷却速度以及组成相的相对量不同，可以有多种多样的形态。除了层片状特征外，还有针状（片状）、鱼骨状、螺旋状、点状、球状（短棒状）、颗粒状、花朵状、棒状（条状或纤维状）等特征典型组织，如图9-25～图9-30所示。

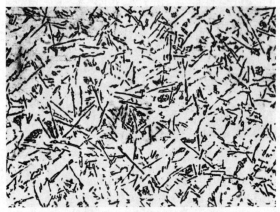

图9-25　Al-Si 共晶合金组织（100×）
浸蚀：0.5%氢氟酸水溶液
组织：((α-Al)+ Si) 共晶，Si 呈灰色粗大针状

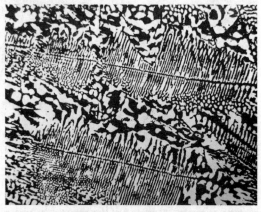

图9-26　Al-Cu 合金（33%Cu）组织（150×）
浸蚀：0.5%氢氟酸水溶液
组织：((α-Al)+Al$_2$Cu) 共晶

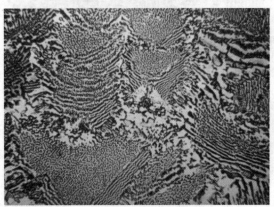

图9-27　Cu-Sb 共晶合金组织（100×）
浸蚀：三氯化铁盐酸水溶液
组织：(Sb+Cu$_2$Sb) 共晶

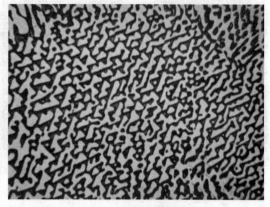

图9-28　Cu-Sb 共晶合金组织（500×）
浸蚀：三氯化铁盐酸水溶液
组织：(Sb+Cu$_2$Sb) 共晶（图9-27局部放大）

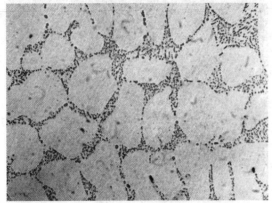

图9-29　工业纯铜（含氧量较高）组织（500×）
浸蚀：未浸蚀
组织：α 固溶体+(α+Cu$_2$O) 点状共晶

图9-30　Zn-Mg 共晶合金组织（500×）
浸蚀：氧化铬硫酸钠溶液
组织：(α+MgZn$_2$) 螺旋状共晶组织

9.2.2 三元合金组织

三元相图是研究三元合金成分、组织和性能之间关系的理论依据。利用三元相图的投影图可以分析合金的凝固过程，并得知合金应具有的显微组织。图 9-31～图 9-34 为 Pb-Sn-Bi 三元合金不同成分下的组织特征。

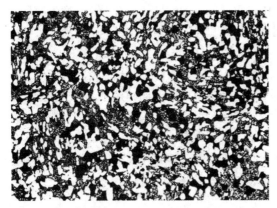

图 9-31 （32%Pb+17%Sn+51%Bi）
三元共晶合金组织（100×）
浸蚀：4%硝酸酒精溶液
组织：（Bi+Sn+β）三相共晶体

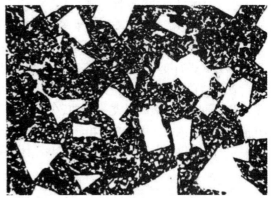

图 9-32 （5%Pb-29%Sn-66%Bi）
三元合金组织（100×）
浸蚀：4%硝酸酒精溶液
组织：初生 Bi（白色块状）+（Bi+Sn+β）三相共晶体

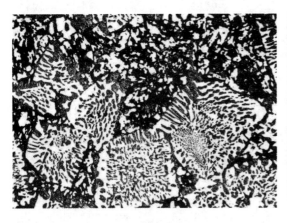

图 9-33 （15%Pb-40%Sn-45%Bi）
三元合金组织（100×）
浸蚀：4%硝酸酒精溶液
组织：（Bi+Sn）二元共晶体+（Bi+Sn+β）
三相共晶体

图 9-34 （25%Pb-15%Sn-60%Bi）
三元合金组织（100×）
浸蚀：4%硝酸酒精溶液
组织：初生 Bi （白色块状）+（Bi+Sn）二元共晶+
（Bi+Sn+β）三相共晶体

9.3   金属塑性变形与再结晶组织

9.3.1   金属塑性变形组织

金属材料在外力作用下要发生变形，随着外力的增加，材料会经历弹性变形、塑性变形和断裂三个基本过程，而塑性变形是整个变形过程中最重要的。塑性变形具有滑移和孪生两种基本方式，金属以哪种方式变形，主要取决于金属的晶体结构。不同的晶体结构，其滑移系数不同，滑移系数越多，越有助于以滑移方式变形。因此，面心立方与体心立方结构的金属主要以滑移方式进行变形，而具有密排六方结构的金属，则主要以孪生的方式进行变形[3,5]。

所谓滑移就是指在切应力作用下晶体的一部分沿一定的晶面和晶向，相对于另一部分产生滑动，从而在晶体表面形成一个柏氏矢量的滑移线，若干个滑移线组成滑移带，由于滑移线露在晶体表面。因而，可以在金相显微镜下观察到。而孪生则是在切应力作用下，晶体的一部分以一定的晶面（孪晶面）为对称面，与晶体的另一部分发生对称移动（见图9-35至图9-40）。

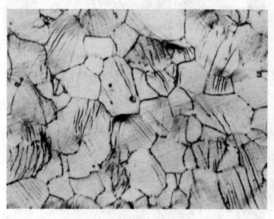

图 9-35   工业纯铁压缩变形 30% 后的组织（200×）　　　　图 9-36   纯锌压缩变形组织（100×）
　　　　浸蚀：4%硝酸酒精溶液　　　　　　　　　　　　　　　　浸蚀：4%硝酸酒精溶液
　　　　组织：铁素体晶粒内有滑移带　　　　　　　　　　　　　组织：纯锌的变形孪晶（竹叶状）

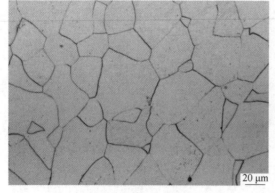
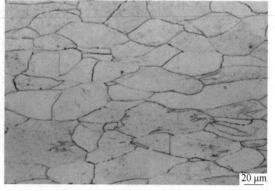

图 9-37   工业纯铁未变形组织（500×）　　　　图 9-38   工业纯铁压缩变形 36% 的组织（500×）
　　　　浸蚀：4%硝酸酒精溶液　　　　　　　　　　　　　　浸蚀：4%硝酸酒精溶液
　　　　组织：等轴状铁素体晶粒　　　　　　　　　　　　　组织：铁素体晶粒沿压延方向开始拉长

图 9-39　工业纯铁压缩变形 55%的组织（500×）
浸蚀：4%硝酸酒精溶液
组织：铁素体晶粒明显被拉长

图 9-40　工业纯铁压缩变形 74% 的组织（500×）
浸蚀：4%硝酸酒精溶液
组织：铁素体晶粒接近纤维状

9.3.2　再结晶组织

金属变形后不仅使外形发生变化，其内部组织和力学性能也发生了变化，使之处于自由焓较高的状态。因此，对变形的金属进行加热时随着温度的升高，会发生回复、再结晶和晶粒长大现象。变形度、加热温度对再结晶后晶粒大小影响较大，变形度越大，再结晶温度越低，再结晶后晶粒越细小。当在某一变形量时，再结晶后的晶粒出现异常长大现象时，这个变形量则称为该金属的临界变形度[3,5]（见图 9-41 至图 9-46）。

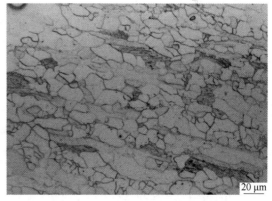

图 9-41　工业纯铁压缩变形 70%
经 350 ℃加热 1 h 后的组织（500×）
浸蚀：4%硝酸酒精溶液
组织：回复阶段（铁素体晶粒仍为变形状态）

图 9-42　工业纯铁压缩变形 70%
经 550 ℃加热 1 h 后的组织（500×）
浸蚀：4%硝酸酒精溶液
组织：部分再结晶（部分铁素体晶粒已等轴化）

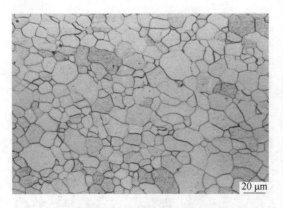

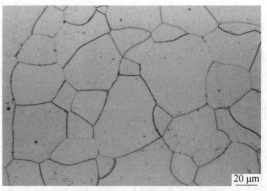

图 9-43　工业纯铁压缩变形 70%
经 600 ℃加热 1 h 后的组织（500×）
浸蚀：4%硝酸酒精溶液
组织：已结晶（铁素体晶粒全部等轴化）

图 9-44　工业纯铁压缩变形 70%
经 750 ℃加热 1 h 后的组织（500×）
浸蚀：4%硝酸酒精溶液
组织：晶粒长大（铁素体晶粒已明显长大）

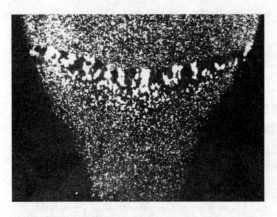

图 9-45　低碳钢压缩变形（至上而下 0~65%）
后 700 ℃加热 1 h 后的组织（20×）
浸蚀：4%硝酸酒精溶液
组织：再结晶后晶粒大小不同

图 9-46　纯铝拉伸变形（从左向右变形
为 2%、3%、4%、5%、8%、12%）
经 600 ℃加热 1 h 后的组织（1×）
浸蚀：王水
组织：再结晶后晶粒大小不同，临界变形度为 3%~4%

9.4　碳钢热处理后的组织

　　钢的组织决定了钢的性能，在化学成分相同的条件下，改变钢组织的主要手段就是通过热处理工艺来控制钢的加热温度和冷却过程，从而得到所希望的组织和性能。钢在不同热处理条件下所得到的组织与钢的平衡组织有很大差别。

9.4.1　低中碳钢热处理后的组织

　　图 9-47~图 9-56 分别为 20 钢和 45 钢经不同热处理后的典型组织形貌。

图 9-47　20 钢 930 ℃ 加热盐水冷后的组织（500×）

浸蚀：4%硝酸酒精溶液

组织：板条马氏体

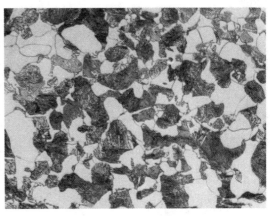

图 9-48　45 钢退火组织（500×）

浸蚀：4%硝酸酒精溶液

组织：铁素体+珠光体

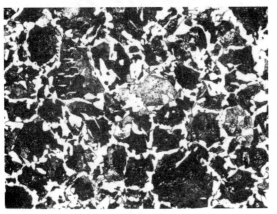

图 9-49　45 钢 840 ℃ 加热后正火(空冷)组织（500×）

浸蚀：4%硝酸酒精溶液

组织：铁素体（白色网状）+索氏体

图 9-50　45 钢 840 ℃ 加热后油冷组织（500×）

浸蚀：4%硝酸酒精溶液

组织：屈氏体（黑色网状）+混合马氏体

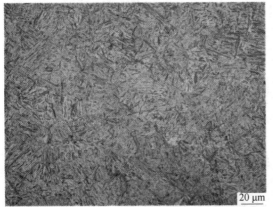

图 9-51　45 钢 840 ℃ 加热水冷组织（500×）

浸蚀：4%硝酸酒精溶液

组织：混合马氏体

图 9-52　45 钢 840 ℃ 加热水冷+200 ℃回火（500×）

浸蚀：4%硝酸酒精溶液

组织：回火态混合马氏体

图 9-53　45 钢 840 ℃ 加热水冷+
400 ℃ 回火组织（500×）
浸蚀：4%硝酸酒精溶液
组织：回火屈氏体

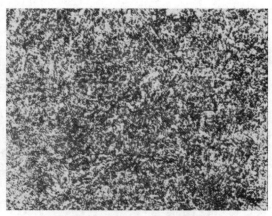

图 9-54　45 钢 840 ℃ 加热水冷+
600 ℃ 回火组织（500×）
浸蚀：4%硝酸酒精溶液
组织：回火索氏体

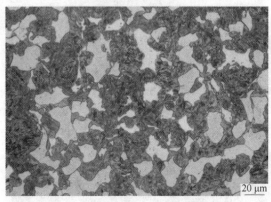

图 9-55　45 钢 750 ℃ 加热水冷组织（500×）
浸蚀：4%硝酸酒精溶液
组织：未溶的块状铁素体+混合马氏体

图 9-56　45 钢 1100 ℃ 加热水冷组织（500×）
浸蚀：4%硝酸酒精溶液
组织：粗大板条马氏体（原奥氏体晶界明显可见）

9.4.2　高碳钢热处理后的组织

图 9-57~图 9-60 分别为 T12 钢经不同热处理后的组织形貌。

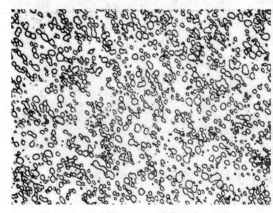

图 9-57　T12 钢 780 ℃ 球化退火（500×）
浸蚀：4%硝酸酒精溶液
组织：球状珠光体

图 9-58　T12 钢 780 ℃ 加热水冷+200 ℃ 回火组织(500×)
浸蚀：4%硝酸酒精溶液
组织：回火马氏体+未溶的渗碳体

图 9-59 T12 钢 920 ℃ 加热水冷
组织（500×）
浸蚀：4%硝酸酒精溶液
组织：针状马氏体+残余奥氏体

图 9-60 1.6%C 超高碳钢 950 ℃ 加热油冷+
200 ℃ 回火组织（500×）
浸蚀：4%硝酸酒精溶液
组织：粗大针状回火马氏体+残余奥氏体

9.4.3 贝氏体组织

贝氏体是由奥氏体在珠光体和马氏体转变温度之间转变产生的亚稳态微观组织[2]。将已奥氏体化的钢快速冷却到贝氏体转变温度区间等温保持，使其转变为贝氏体，然后取出空冷或水冷，获得铁素体和渗碳体的两相混合物组织，常见的贝氏体有无碳贝氏体、上贝氏体、下贝氏体和粒状贝氏体，见图 9-61 ~ 图 9-64。

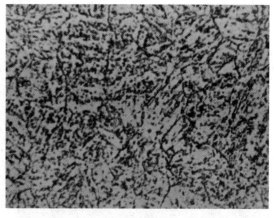

图 9-61 60Si2MnA 钢加热到 880 ℃
保温 15 min 在 450 ℃ 等温 45 min 后水冷组织（500×）
浸蚀：4%硝酸酒精溶液
组织：无碳贝氏体+马氏体+残余奥氏体

图 9-62 12Cr3MoVSiTiB 钢加热到 1090 ℃后
空冷组织（500×）
浸蚀：4%硝酸酒精溶液
组织：粒状贝氏体

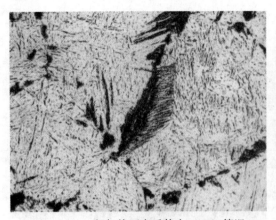

图 9-63　T8 钢加热至奥氏体在 350 ℃等温
30 min 水冷的组织（500×）
浸蚀：4%硝酸酒精溶液
组织：上贝氏体（羽毛状）+隐针马氏体+残余奥氏体

图 9-64　T8 钢加热至奥氏体在 280 ℃等温
30 min 后水冷的组织（500×）
浸蚀：4%硝酸酒精溶液
组织：下贝氏体（针状）+隐针马氏体+残余奥氏体

9.5　低碳钢的焊接及缺陷组织

　　焊接成形是一种非常重要的材料加工方法。有许多产品或零部件都有焊接工艺环节，如锅炉、压力容器、高压管道、船舶桥梁和高层建筑等都是重要的焊接结构，如果焊接接头强度和韧性不足会导致整个焊接结构的提前失效，甚至导致灾难性的后果。因此，对焊接接头进行组织检验是非常重要的一个环节[6]。

9.5.1　低碳钢的焊接组织

　　焊接接头的形成过程。熔焊时，在高温热源的作用下，母材将发生局部熔化，并与熔化了的焊丝金属搅拌混合形成了焊接熔池。当焊接热源离开后，熔池金属开始凝固（结晶）形成焊缝，这样使焊缝与母材共同形成一个焊接接头。焊接接头凝固过程不同区域的组织变化，与铁碳合金相图相对应。图 9-65～图 9-71 为低碳钢焊接接头不同区域的组织特征。

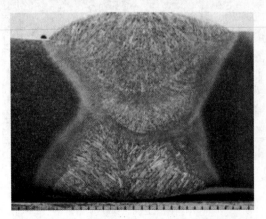

图 9-65　焊接宏观形貌（1×）
浸蚀：4%硝酸酒精溶液
组织：焊接接头宏观形貌

图 9-66　低碳钢焊接焊缝区组织（100×）
浸蚀：4%硝酸酒精溶液
组织：粗大柱状晶（魏氏组织铁素体+珠光体）

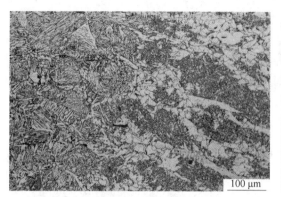

图 9-67　低碳钢焊接熔合区组织（100×）

浸蚀：4%硝酸酒精溶液

组织：左边粗晶区（魏氏组织铁素体+索氏体）+

右边为柱状晶区

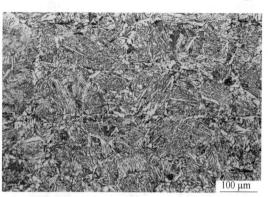

图 9-68　低碳钢焊接热影响区（100×）

浸蚀：4%硝酸酒精溶液

组织：铁素体魏氏组织+索氏体

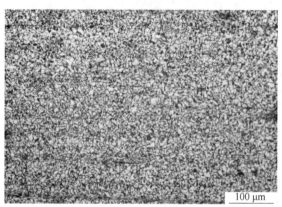

图 9-69　低碳钢焊接重结晶区（100×）

浸蚀：4%硝酸酒精溶液

组织：铁素体+珠光体，均为细小晶粒

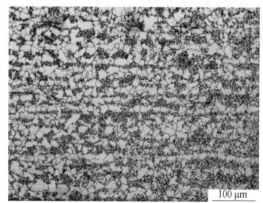

图 9-70　低碳钢焊接部分相变区（100×）

浸蚀：4%硝酸酒精溶液

组织：部分大块未变化的铁素体+细小的铁素体+珠光体

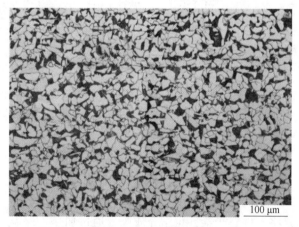

图 9-71　母材（热轧退火态）组织（100×）

浸蚀：4%硝酸酒精溶液

组织：铁素体+珠光体

9.5.2　焊接缺陷组织

在焊接过程中由于材质和焊接工艺不当等因素，会导致焊接接头产生各种缺陷。主要有裂纹、气孔、夹渣、未焊透、未熔合等，如图9-72～图9-75所示。裂纹是焊接接头中危害最大的一种缺陷，它破坏了金属的连续性和完整性，降低接头抗拉强度，尤其是裂纹端部是一个尖缺口，将引起应力集中，促使焊件在较低应力下发生脆性破坏[7]。

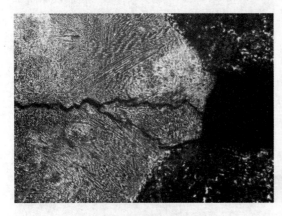

图 9-72　低碳钢焊接热裂纹（100×）
浸蚀：4%硝酸酒精溶液
组织：热裂纹（低倍微观形貌）

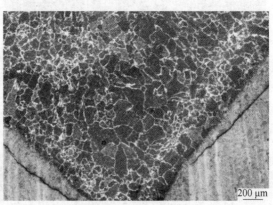

图 9-73　30CrMnSi 钢焊接冷裂纹（50×）
浸蚀：4%硝酸酒精溶液
组织：热影响区靠近母材处的冷裂纹

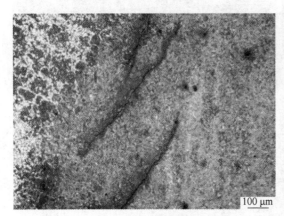

图 9-74　30CrMnSi 钢焊接冷裂纹（100×）
浸蚀：4%硝酸酒精溶液
组织：焊接热影响区的冷裂纹

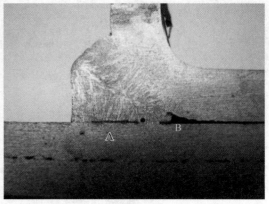

图 9-75　低碳钢焊接宏观缺陷（1×）
浸蚀：4%硝酸酒精溶液
组织：A处为未焊透，B处未熔合

9.6　钢的常用化学处理组织

钢的化学热处理是将工件置于某种化学介质中，通过加热、保温和冷却使介质中某些元素渗入工件表层以改变工件表层的化学成分和组织，使其表面与芯部具有不同性能的热处理方法。常用化学热处理的工艺方法有：渗碳、渗氮、碳氮共渗和渗金属等[8]。

9.6.1 渗碳组织

钢件放入提供活性碳原子的介质中加热保温,使碳原子渗入工件表层的化学热处理工艺,也是最常用的一种化学热处理工艺。钢件渗碳的目的是提高低碳钢或低碳合金钢零件的表面含碳量,并经淬火-低温回火来提高零件的表面硬度、耐磨性及抗疲劳性,而芯部仍保持一定的强度和良好的韧性。渗碳组织见图 9-76～图 9-82。

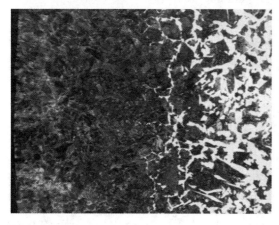 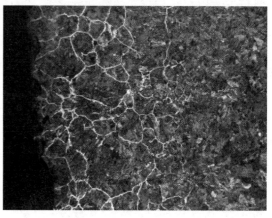

图 9-76　20 钢 930 ℃渗碳 4 h 后退火组织 (100×)　图 9-77　20 钢 930 ℃渗碳 8 h 后退火组织 (200×)
浸蚀:4%硝酸酒精溶液　　　　　　　　　　　浸蚀:4%硝酸酒精溶液
组织:表层共析+亚共析+基体　　　　　　　组织:表层组织 (过共析+共析)

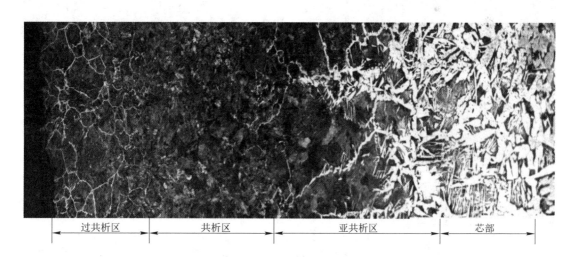

过共析区　　　　共析区　　　　　亚共析区　　　　芯部

图 9-78　20 钢 930 ℃渗碳 8 h 后退火组织 (100×)
浸蚀:4%硝酸酒精溶液
组织:过共析区 (珠光体+网状二次渗碳体)+共析区
(珠光体)+亚共析区 (网状铁素体+珠光体)+
芯部 (铁素体+珠光体)

图 9-79　20 钢渗碳后淬火+低温回火（500×）
浸蚀：4%硝酸酒精溶液
组织：针状回火马氏体+未溶碳化物+残余奥氏体

图 9-80　20 钢渗碳后 930 ℃淬火+200 ℃回火（500×）
浸蚀：4%硝酸酒精溶液
组织：粗大针状马氏体（回火）+残余奥氏体

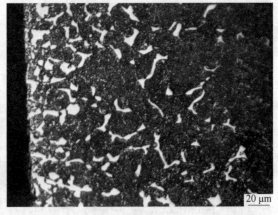

图 9-81　20 钢渗碳后正常淬火+
低温回火组织（500×）
浸蚀：4%硝酸酒精溶液
组织：细小回火马氏体+未溶碳化物+少量残余奥氏体

图 9-82　20CrMnTi 钢 930 ℃长时间渗碳后淬火+
200 ℃回火（500×）
浸蚀：4%硝酸酒精溶液
组织：细小针状马氏体（回火）+残余奥氏体+
大块状未溶碳化物

9.6.2　渗氮与氮碳共渗组织

渗氮又称“氮化”。向钢件表层渗入活性氮原子形成富氮硬化层的化学热处理工艺。钢铁零件渗氮的主要目的是提高表面硬度（950~1200 HV），耐磨性、抗咬合性、红硬性和疲劳强度。渗氮组织见图 9-83。氮碳共渗（软氮化）是工件表层同时渗入氮和碳，并以渗氮为主的化学热处理工艺，共渗层组织与气体渗氮相似，但表面的多相化合物层中没有高脆性的 Fe_3N，氮碳共渗组织见图 9-84。

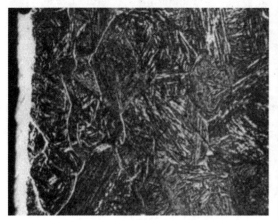

图 9-83　38CrMoAl 钢 540 ℃气体渗氮（500×）

浸蚀：4%硝酸酒精溶液

组织：表层白亮层（ε 相）+次表层扩散层（有脉状
氮化物）+黑色基体（含氮化索氏体）

图 9-84　40Cr 钢 570 ℃氮碳共渗（500×）

浸蚀：4%硝酸酒精溶液

组织：表层白亮氮化物（外侧有疏松）以及芯部
为"索氏体+少量铁素体"

9.6.3　渗硼与渗铬组织

将硼元素渗入工件表面的化学热处理工艺称为渗硼。钢经过渗硼后表面具有很高的硬度（可达 1300~2300 HV）和耐磨性，良好的抗蚀性、抗氧化性和热硬性。不同材料渗硼后的组织见图 9-85~图 9-87。渗铬可以提高零件的耐蚀性、抗高温氧化性和耐磨性，渗铬的组织见图 9-88。

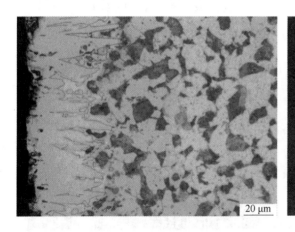

20 μm

图 9-85　20Cr 钢 900 ℃固体渗硼（500×）

浸蚀：4%硝酸酒精溶液

组织：表层齿针状为 Fe_2B+芯部组织（F+P）

图 9-86　T8 钢 860 ℃渗硼处理（100×）

浸蚀：4%硝酸酒精溶液

组织：表层硼化物层（白亮）+芯部组织（P）

图 9-87　Cr12MoV 钢渗硼处理（100×）　　　　　图 9-88　T8 钢渗 Cr 处理（500×）

浸蚀：4%硝酸酒精溶液　　　　　　　　　　　浸蚀：4%硝酸酒精溶液

组织：表层白亮层为硼化物层+未溶碳化物颗粒+　　　组织：表层白亮铬铁化合物层+珠光体基体

回火马氏体+残余奥氏体

9.7　常用合金结构钢、工具钢及不锈钢的组织特征

9.7.1　合金结构钢

在工业上，凡用于制造各种机械零件以及用于各种工程的金属结构的钢都称为结构钢，可分为工程结构钢（普通结构钢）及机械结构钢（优质结构钢）两类。优质结构钢是在碳素钢基础上加入一种或几种合金元素形成的合金结构钢，按照用途可分为：渗碳钢、调质钢、弹簧钢、滚动轴承钢以及高锰钢等[9]，其组织见图 9-89~图 9-95。

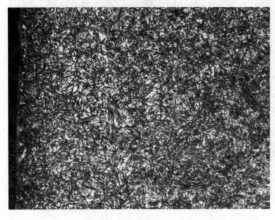 

图 9-89　20CrMnTi 渗碳钢经渗碳+　　　　　图 9-90　40Cr 调质钢经 840 ℃淬火+

淬火+低温回火后的组织（500×）　　　　　　600 ℃回火后的组织（500×）

浸蚀：4%硝酸酒精溶液　　　　　　　　　　浸蚀：4%硝酸酒精溶液

组织：针状回火马氏体+未溶碳化物+残余奥氏体　　　　组织：回火索氏体

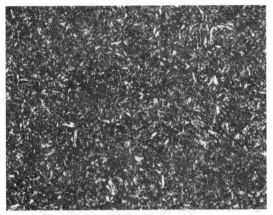

图 9-91　60Si2Mn 弹簧钢淬火+
中温回火后的组织（500×）
浸蚀：4%硝酸酒精溶液
组织：回火屈氏体

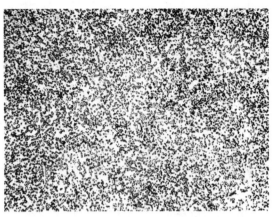

图 9-92　GCr15 轴承钢 780 ℃球化处理（500×）
浸蚀：4%硝酸酒精溶液
组织：细小的球状珠光体

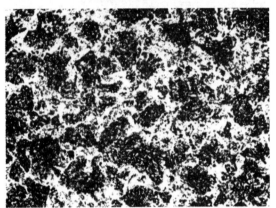

图 9-93　GCr15 轴承钢淬火+低温回火（500×）
浸蚀：4%硝酸酒精溶液
组织：回火马氏体+未溶的碳化物+残余奥氏体

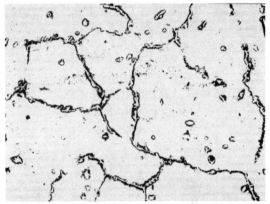

图 9-94　ZGMn13 高锰钢铸态组织（500×）
浸蚀：4%硝酸酒精溶液
组织：奥氏体+沿晶界分布的碳化物和晶内颗粒状碳化物

图 9-95　ZGMn13 高锰钢 1050~1100 ℃加热，水韧化处理后压缩变形（100×）
浸蚀：4%硝酸酒精溶液
组织：奥氏体+变形孪晶+极少量未溶的小粒状碳化物

9.7.2 工具钢

工具钢是指用于制造各种切削刀具，冷、热变形模具，量具以及其他工具的钢。按化学成分的不同分为：碳素工具钢（一般为高碳钢）、合金工具钢（低合金工具钢、高合金工具钢和中碳中合金钢）及高速工具钢（属于高合金工具钢）三类。按用途可分为刃具钢、模具钢和量具钢[9]。不同工具钢的组织见图9-96~图9-107。

图 9-96　9SiCr 钢球化退火（500×）

浸蚀：4%硝酸酒精溶液

组织：粒状珠光体

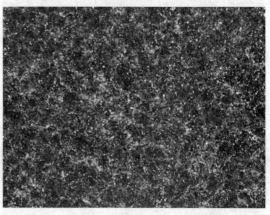

图 9-97　9SiCr 钢 860 ℃加热油冷+

180 ℃低温回火（500×）

浸蚀：4%硝酸酒精溶液

组织：回火马氏体+颗粒状的未溶碳化物

图 9-98　Cr12MoV 钢锻造退火（500×）

浸蚀：4%硝酸酒精溶液

组织：索氏体基体上分布的块状碳化物以及

颗粒稍大的二次碳化物

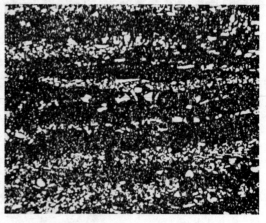

图 9-99　Cr12MoV 钢锻造退火（100×）

浸蚀：4%硝酸酒精溶液

组织：索氏体基体上分布着带状碳化物

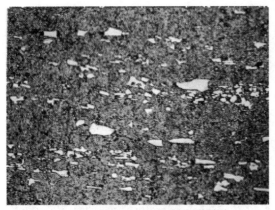

图 9-100 Cr12MoV 钢 920 ℃加热淬火+
200 ℃回火（500×）
浸蚀：4%硝酸酒精溶液
组织：回火马氏体+少量残余奥氏体+碳化物（大块
状碳化物为共晶碳化物，细颗粒状为二次碳化物）

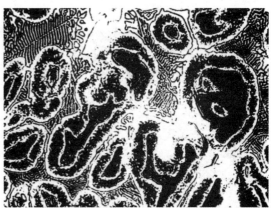

图 9-101 W18Cr4V 高速钢铸态组织（500×）
浸蚀：4%硝酸酒精溶液
组织：铸态组织由 3 部分组成：（1）晶界附近区域的鱼骨
状莱氏体共晶组织。（2）晶粒外层的马氏体及残余
奥氏体，又称为"白色组织"。（3）晶粒芯部的 δ 共
析体，通常称为"黑色组织"，介于"白色组织"
与"黑色组织"之间的组织为索氏体组织

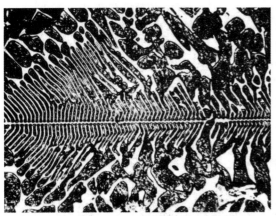

图 9-102 W18Cr4V 钢铸态（800×）
浸蚀：4%硝酸酒精溶液
组织：典型的鱼骨状碳化物

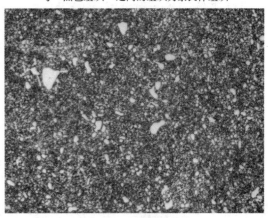

图 9-103 W18Cr4V 钢锻造退火（500×）
浸蚀：4%硝酸酒精溶液
组织：索氏体基体上分布着大的一次碳化物+细小的
二次碳化物颗粒

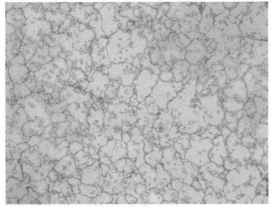

图 9-104 W18Cr4V 钢 1280 ℃加热油冷（500×）
浸蚀：10%硝酸酒精溶液
组织：隐针马氏体+残余奥氏体+未溶碳化物，
原奥氏体晶界和碳化物清晰可见

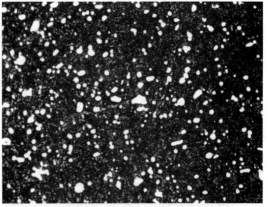

图 9-105 W18Cr4V 钢 1280 ℃加热油冷后经 560 ℃
回火三次，每次 1 h（500×）
浸蚀：4%硝酸酒精溶液
组织：回火马氏体基体上分布着白色颗粒状碳化物

 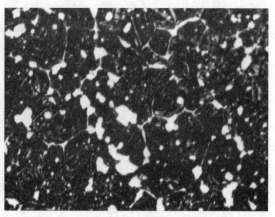

图 9-106　W18Cr4V 钢淬火+回火 2 次（500×）
浸蚀：4%硝酸酒精溶液
组织：隐针马氏体+残余奥氏体（浅色部分）+回火
马氏体（黑色部分）+未溶碳化物，回火不足现象

图 9-107　W18Cr4V 钢 1300 ℃加热
油冷+回火（500×）
浸蚀：4%硝酸酒精溶液
组织：过热组织，回火马氏体基体上分布着白色
大块状碳化物（沿晶界分布）

9.7.3　不锈钢

　　不锈钢是指一些在空气、水、盐水、酸、碱等腐蚀介质中具有高的化学稳定性的钢。根据不锈钢的基体组织，可将它分为五大类：铁素体不锈钢、马氏体不锈钢、奥氏体不锈钢、奥氏体-铁素体双相不锈钢及沉淀硬化不锈钢[9]，其组织分别见图 9-108~图 9-111。

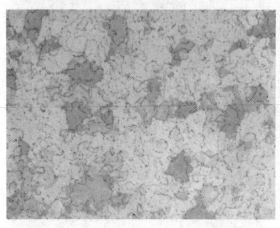 

图 9-108　1Cr17 不锈钢退火（500×）
浸蚀：10%硝酸酒精溶液
组织：点状碳化物均匀地分布在铁素体基体上

图 9-109　4Cr13 不锈钢淬火+低温回火（500×）
浸蚀：4%硝酸酒精溶液
组织：回火马氏体

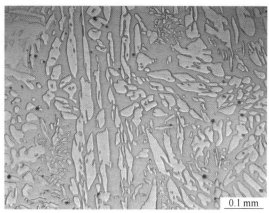

图 9-110　1Cr18Ni9Ti 奥氏体不锈钢固溶　　　　图 9-111　双相不锈钢固溶处理（100×）

处理（1050 ℃加热淬火）（500×）　　　　　　浸蚀：三氯化铁盐酸水溶液

浸蚀：三氯化铁盐酸水溶液　　　　　　组织：铁素体+奥氏体

组织：多边形的奥氏体晶粒及孪晶

9.8　普通铸铁的组织特征

铸铁是碳含量大于 2.11% 的铁碳合金。铸铁与钢相比，从成分上：铸铁含碳量和含硅量较高，含杂质元素硫、磷较多。在性能上：铸铁的强度、塑性及韧性较差，但却有优于钢的许多特性。如：优良的减震性、耐磨性、铸造性和可切削性，而且生产工艺和熔化设备简单。因此，在工业中得到普遍应用。

铸铁按照石墨形态可分为：灰口铸铁、可锻铸铁、球墨铸铁和蠕墨铸铁。

9.8.1　灰口铸铁

碳主要以片状石墨的形态存在，其断口呈暗灰色，简称灰铸铁。普通灰铸铁石墨片形态按照 GB 7216—2023《灰铸铁金相检验》可分为六种：A 型，片状；B 型，菊花状；C 型，块片状；D 型，枝晶点状；E 型，枝晶片状；F 型，星状，见图 9-112。在片状灰铸铁中石墨片越大、越直、两头越尖，性能就越差。因为石墨以片状结构存在时，层与层次之间的结合力很弱，若受外力作用，石墨很容易呈鳞片状脱落，所以石墨本身的强度和塑性几乎为零，在铸铁组织中石墨片可看作是一些"微裂缝"，它们的存在割断了基体的连续性，而且其尖端会引起应力集中。所以灰口铸铁只宜作一般铸件，如车身、机座等。

在铸铁中当磷（P）含较高时，由于 P 在铸铁中几乎完全不溶于奥氏体，在实际铸造条件下 P 常以 Fe_3P 的形式与铁素体（F）和渗碳体（Fe_3C）形成硬而脆的磷共晶。因此，在灰口铸铁中除了基体组织和石墨外，还可以见到具有菱角状沿奥氏体晶界连续或不连续分布的磷共晶。磷共晶主要有三种类型：二元磷共晶、三元磷共晶和复合磷共晶（见图 9-113 至图 9-120）。

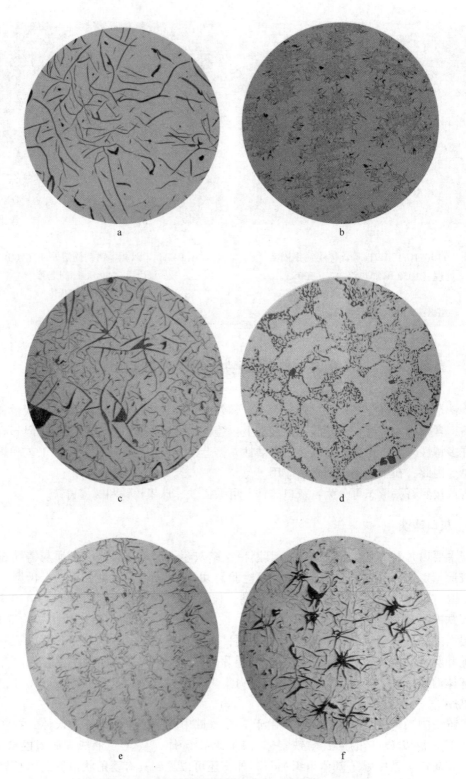

图 9-112　灰口铸铁石墨形态分布（抛光态，100×）

a—片状（A型）；b—菊花状（B型）；c—块片状（C型）；
d—枝晶点状（D型）；e—枝晶片状（E型）；f—星状（F型）

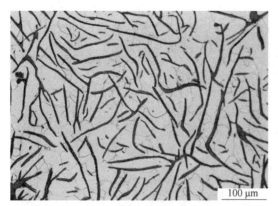

图 9-113　灰口铸铁铸造后退火组织（100×）
浸蚀：4%硝酸酒精溶液
组织：铁素体基体+条状石墨

图 9-114　灰口铸铁铸态组织（500×）
浸蚀：4%硝酸酒精溶液
组织：铁素体+珠光体+条状石墨

图 9-115　灰口铸铁铸态组织（500×）
浸蚀：4%硝酸酒精溶液
组织：珠光体基体+条状石墨

图 9-116　灰口铸铁铸态组织（500×）
浸蚀：4%硝酸酒精溶液
组织：珠光体+条状石墨+二元磷共晶
（Fe_3P 基体上分布着高铁相（珠光体或铁素体））

图 9-117　灰口铸铁铸态组织（500×）
浸蚀：4%硝酸酒精溶液
组织：珠光体基体+条状石墨+三元磷共晶（Fe_3P 与 Fe_3P
基体上分布着高铁相（珠光体或铁素体））

图 9-118　灰口铸铁铸态组织（500×）
浸蚀：4%硝酸酒精溶液
组织：珠光体+条状石墨+二元复合磷共晶（细小的
点状二元磷共晶+条块状渗碳体）

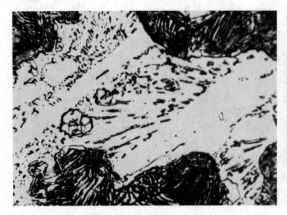 

图 9-119　灰口铸铁铸态组织（500×）　　　图 9-120　麻口铸铁铸态组织（500×）
　　　浸蚀：4%硝酸酒精溶液　　　　　　　　　　浸蚀：4%硝酸酒精溶液
组织：珠光体基体+条状石墨+三元复合磷共晶（三元磷　组织：珠光体+条状石墨+莱氏体（下面白色块状为离
　　共晶+条状渗碳体）　　　　　　　　　　　　　异渗碳体）

9.8.2　可锻铸铁

　　可锻铸铁又称"玛钢"。它是白口铸铁进行可锻化退火处理后，全部或部分渗碳体转变为团絮状石墨分布于铁素体基体或珠光体基体上，从而具有良好塑韧性的铸铁，又称展性铸铁，广泛应用于生产汽车和拖拉机等大批量的薄壁中小件。可锻铸铁按热处理条件不同，可分为黑芯和白芯可锻铸铁，黑芯可锻铸铁是由白口铸铁经长时间的高温石墨化退火得到，其组织为铁素体基体+团絮状石墨，而白芯可锻铸铁是由白口铸铁经石墨化退火氧化脱碳得到，其组织为"铁素体+珠光体"基体的团絮状石墨。

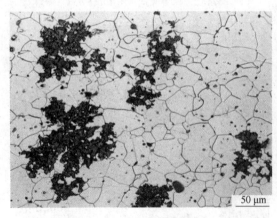 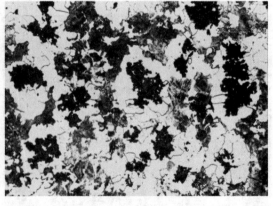

图 9-121　可锻铸铁石墨化退火组织（200×）　　　图 9-122　可锻铸铁高温退火
　　　浸蚀：4%硝酸酒精溶液　　　　　　　　冷至 750 ℃保温 2 h 后空冷（200×）
　　组织：铁素体基体+团絮状石墨　　　　　　　浸蚀：4%硝酸酒精溶液
　　　　　　　　　　　　　　　　　　　　　　组织：铁素体+珠光体+团絮状石墨

9.8.3 球墨铸铁

球墨铸铁简称"球铁"。它是灰口铸铁铁水经球化和孕育处理，使石墨主要以球状存在的高强度铸铁，是一种优质铸铁。在浇铸前加入球化剂（稀土镁）和孕育剂（硅铁），使石墨结晶成球状，由于球状石墨对基体的割裂作用很小，因而可以充分强化基体（如热处理）以提高其强韧性。球墨铸铁的力学性能取决于球墨的大小、数量和分布。石墨球数量越少、越细小、分布越均匀，球墨铸铁的力学性能越高，基体的利用率越高。球墨铸铁经等温处理得到下贝氏体时具有良好的强韧性（见图9-123～图9-126）。

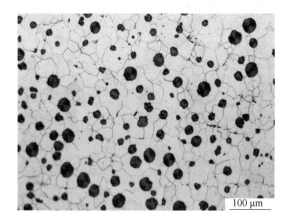

图 9-123　球墨铸铁铸造后高温退火组织（100×）
浸蚀：4%硝酸酒精溶液
组织：铁素体基体+球状石墨

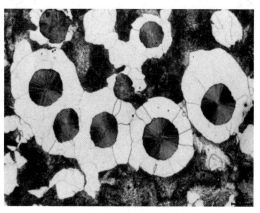

图 9-124　球墨铸铁铸态组织（500×）
浸蚀：4%硝酸酒精溶液
组织：铁素体+珠光体+球状石墨

图 9-125　球墨铸铁铸态组织（500×）
浸蚀：4%硝酸酒精溶液
组织：珠光体基体+球状石墨

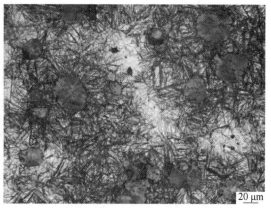

图 9-126　球墨铸铁 900 ℃加热 280 ℃等温
30 min 后油冷（500×）
浸蚀：4%硝酸酒精溶液
组织：球状石墨+下贝氏体+马氏体+残余奥氏体

9.8.4 蠕墨铸铁

石墨形态介于球状和片状之间的蠕虫状的铸铁称为蠕墨铸铁。它是在浇铸前加入稀土硅铁（蠕化剂），使石墨结晶成蠕虫状，介于片状石墨和球状石墨之间的石墨形态，这种过渡形态极像"蠕虫"，片短而厚，头部较圆。蠕虫状石墨的密度、塑性、韧性远比普通灰铸铁高，铸造性能比球墨铸铁好，且具有良好的热传导性，抗热疲劳性，铸造工艺简单，成品率高，主要用作内燃机上的缸盖和缸套等耐热构件（见图 9-127 ~ 图 9-128）。

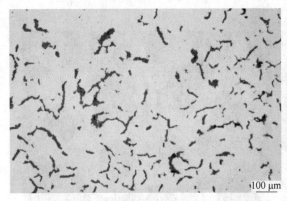
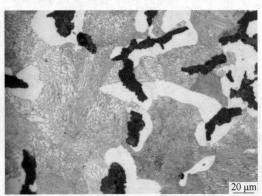

图 9-127 蠕墨铸铁铸态组织（100×）　　　　　图 9-128 蠕墨铸铁铸态组织（500×）
浸蚀：未浸蚀（抛光态）　　　　　　　　　　浸蚀：4%硝酸酒精溶液
组织：蠕虫状石墨　　　　　　　　　组织：铁素体+珠光体+蠕虫状石墨

9.9 常用非铁金属材料组织

钢铁以外的金属材料称为有色金属材料或非铁金属材料。非铁金属材料按照金属性能分有色轻金属（如：铝、镁、钛等）、有色重金属（如：铜、铅、锌、镍等）、贵金属（如：金、银和铂族元素）、稀有金属（如：锂、铍、钨、钼等）以及半金属（如：硅、硼、硒等）5 类。随着航空、航海、汽车、石油化工以及空间技术等工业的发展，非铁金属合金的使用量日益增加。这里主要介绍机械制造业中常用的铝合金、铜合金、钛合金以及巴氏合金的组织特征。

9.9.1 铝合金

铝合金是工业中使用最广泛的一类非铁材料（有色金属结构材料），在航空、航天、汽车、机械制造、船舶及化工业大量使用。铝合金按照加工方法可以分为铸造铝合金（如：铝硅合金、铝铜合金、铝镁合金等）和变形铝合金（硬铝、锻铝、超硬铝等）（见图 9-129 ~ 图 9-132）。

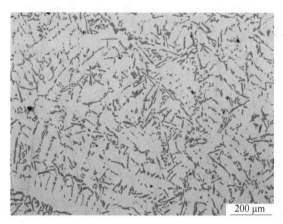

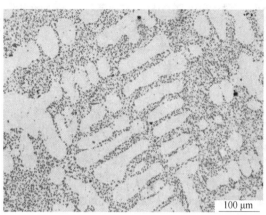

图 9-129　ZL102 铝硅合金铸态（未变质）（50×）
浸蚀：0.5%氢氟酸水溶液
组织：α-Al 固溶体基体上分布的针状 Si

图 9-130　ZL102 铝硅合金变质处理（100×）
浸蚀：0.5%氢氟酸水溶液
组织：树枝状的 α-Al 固溶体+((α-Al)+Si) 共晶体

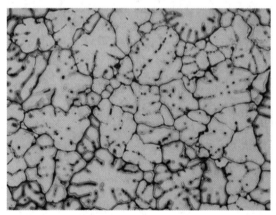

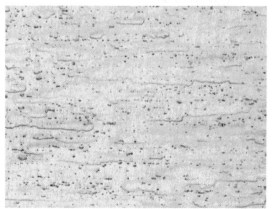

图 9-131　2A12 硬铝合金（YL12 旧牌号）
铸态组织（100×）
浸蚀：0.5%氢氟酸水溶液
组织：树枝状的 α-Al 固溶体基体+θ 相（细小颗粒）

图 9-132　2A12 硬铝合金固溶处理后自然
时效组织（200×）
浸蚀：0.5%氢氟酸水溶液
组织：α 固溶体+θ 相（细小颗粒）+ S 相和
其他金属间化合物

9.9.2　铜合金

铜及铜合金是人类历史上使用最早的金属材料之一。由于铜具有优良的性能及美丽的色泽被广泛用于电缆、电器核电子设备的导电材料、各种热交换器的传热材料、建筑材料以及装饰品等。铜合金按照化学成分可分为黄铜、青铜和白铜三大类。这里主要介绍普通黄铜的组织特征（见图 9-133~图 9-136）。

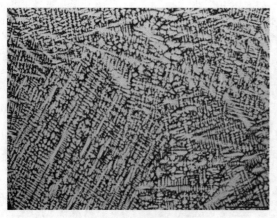

图 9-133　单相黄铜铸态组织（50×）

浸蚀：三氯化铁盐酸水溶液

组织：树枝状的单相 α 固溶体

图 9-134　单相黄铜退火组织（200×）

浸蚀：三氯化铁盐酸水溶液

组织：等轴状 α 晶粒（晶内有退火孪晶）

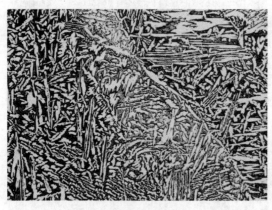

图 9-135　双相黄铜铸态组织（200×）

浸蚀：三氯化铁盐酸水溶液

组织：α（白色）呈魏氏组织形态分布+β′（黑色）

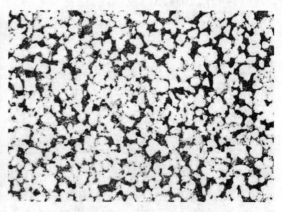

图 9-136　双相黄铜退火组织（100×）

浸蚀：三氯化铁盐酸水溶液

组织：α+β，均匀分布

9.9.3　钛合金

钛由于密度小、比强度高、耐蚀性好等一系列优异的特性，成为航空航天工业、能源工业、海上运输业、化学工业以及医疗保健等方面不可缺少的材料。这里主要介绍纯钛（TiA2）和钛合金（TC4）的组织特征。

9.9.4　轴承合金（巴氏合金）

滑动轴承是汽车、拖拉机及机床等机械制造业中用以支撑轴进行工作的零件，是由轴承体和轴瓦组成的。制造轴瓦及其内衬的合金称为轴承合金。常用轴承合金按照化学成分可分为锡基、铅基、铝基、铜基和铁基。这里介绍锡基和铅基轴承合金的组织特点。为了减少轴的磨损，降低摩擦系数，合金组织中需要在软的基体上分布一定数量和大小的硬质点（或在硬基体上分布一定的软质点）。

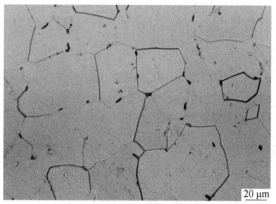

图 9-137　TA2（纯钛）退火组织（500×）
浸蚀：氢氟酸硝酸水溶液
组织：等轴状的 α 晶粒

图 9-138　TA2（纯钛）1050 ℃加热后空冷组织（100×）
浸蚀：氢氟酸硝酸水溶液
组织：针状 α（晶界白色为 α）

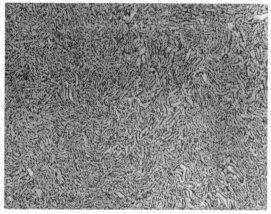

图 9-139　TC4 钛合金 1050 ℃加热
50 min 炉冷（200×）
浸蚀：氢氟酸硝酸水溶液
组织：魏氏组织，条状（α+β）两相区变形量小于
50%，使 α 条与 β 条扭曲

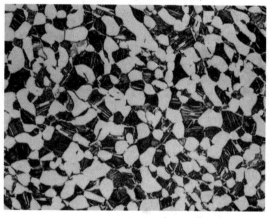

图 9-140　TC4 钛合金 950 ℃加热空冷（500×）
浸蚀：氢氟酸硝酸水溶液
组织：α（块状）+转变了的 β（α 次生+β 余）

图 9-141　ZSnSb11Cu6 锡基轴承合金铸态（100×）
浸蚀：4%硝酸酒精溶液
组织：α 固溶体（黑色基体），亮方块或三角形为硬的
β 相，即 SnSb 化合物，亮色针状或星状晶体为
Cu_6Sn_5 或 Cu_3Sn 化合物

图 9-142　ZPbSb16Sn16Cu2 铅基轴承合金铸态（100×）
浸蚀：4%硝酸酒精溶液
组织：白色方块状的硬质点 β 相是初生的 SnSb 化合物，
花纹状基体为（α(Pb)+β）的共晶体+少量白色
针状 Cu_2Sb 化合物

9.10　常见热加工缺陷组织特征

　　金属材料在铸造、锻造、焊接、热处理等热加工过程中因工艺不当、成分偏析等，会产生宏观与微观组织缺陷。常见典型宏观缺陷有：缩松、气孔、石墨漂浮、夹杂、偏析、流线分布不良等。典型微观缺陷有：带状组织、魏氏组织、锻造裂纹、淬火裂纹、过热、过烧、脱碳、石墨化等[3]。

9.10.1　常见铸造缺陷

　　铸造缺陷是因铸造工艺不当造成的铸件表面或内部瑕疵的总称。缩孔是常见的宏观缺陷，它是金属与合金在凝固时体积收缩得不到补缩而最后在凝固部位形成的空腔。容积大而且集中的孔洞称为集中缩孔，简称缩孔。缩孔的特征是形状不规则，而且内表面不光滑。

图 9-143　铸件集中缩孔宏观形貌（1×）　　　　图 9-144　铸件集中缩孔宏观形貌（1×）

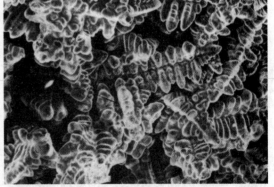

图 9-145　铸件缩松（树枝晶）宏观形貌（1×）　　图 9-146　铸件缩松微观形貌（扫描电镜）（500×）

　　总之，在铸件中存在任何形态的缩孔和缩松，都会因减少受力的有效面积，而在缩孔和缩松处产生应力集中现象，使铸件的力学性能显著降低。同时还降低铸件的致密性和物理化学性能。因此，缩孔和缩松是铸件的重要缺陷之一。

　　金属液态中往往有各种气体，以不同的形式存在，当金属中的气体含量超过其溶解度或侵入的气体不被溶解，则以分子态（即气泡形式）存在于金属液中，若凝固前来不及排除，铸件将产生气孔。主要有析出性气孔与反应性气孔两类。析出性气孔特征是铸件断面上呈大面积分布，而靠近冒口、热节等温度较高区域分布较密集，形状呈团球形、裂纹状多角形或断裂纹状等。通常金属含气量较少时，呈裂纹状，含气量较多，则气孔较大，且呈团球形。析出性气孔主要来自氢气，其次是氮气。

图 9-147　铸件中析出性气孔（1×）

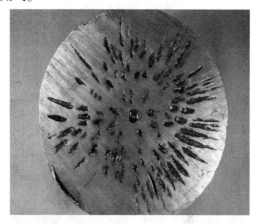

图 9-148　铸件中反应性气孔（1×）

图 9-149　铸钢中反应性气孔宏观形貌（1×）

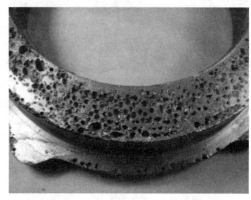

图 9-150　铸铁中的皮下气孔与反应性气孔（1×）

图 9-151　铸件石墨漂浮的宏观特征（1×）

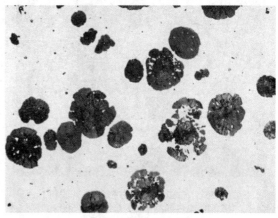

图 9-152　石墨漂浮的微观特征（抛光态）（500×）

9.10.2 常见锻造缺陷

常见的锻造缺陷有流线分布不良、碳化物分布不均匀、带状组织等。

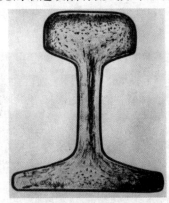

图 9-153 流线分布不良（宏观缺陷）（1×）

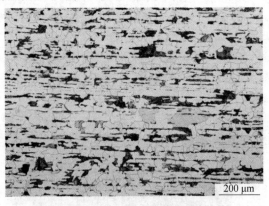

图 9-154 20 钢锻造退火带状组织（200×）
浸蚀：4%硝酸酒精溶液
组织：铁素体（F）+珠光体（P）呈带状分布

图 9-155 45 钢锻造退火带状组织（200×）
浸蚀：4%硝酸酒精溶液
组织：铁素体（F）+ 珠光体（P）呈带状分布

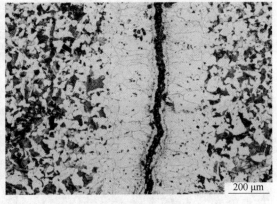

图 9-156 45 钢锻造退火裂纹（100×）
浸蚀：4%硝酸酒精溶液
组织：锻造裂纹（锻造退火过程中裂纹周围发生脱碳现象）

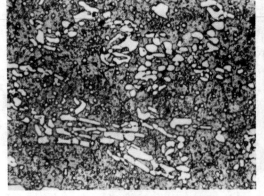

图 9-157 Cr12MoV 六方挤压模具偏析，
1020 ℃加热油冷+200 ℃回火（500×）
浸蚀：4%硝酸酒精溶液
组织：碳化物严重偏析+回火不足

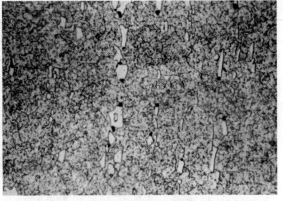

图 9-158 Cr12MoV 模具钢锻造退火后
1040 ℃加热油冷（500×）
浸蚀：4%硝酸酒精溶液
组织：马氏体+残余奥氏体+大块一次碳化物（带状分布）+
二次碳化物（小白点）

9.10.3 常见热处理缺陷

常见热处理缺陷有以下几种。

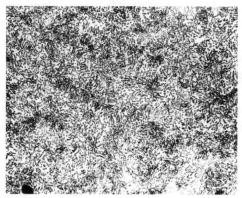

图 9-159 T12 钢球化退火（200×）
浸蚀：4%硝酸酒精溶液
组织：球化不良（层片状珠光体+球状珠光体）

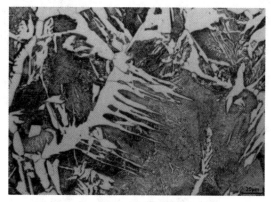

图 9-160 45 钢 900 ℃加热正火（500×）
浸蚀：4%硝酸酒精溶液
组织：铁素体魏氏 + 索氏体

图 9-161 过共析钢高温正火（200×）
浸蚀：4%硝酸酒精溶液
组织：高碳魏氏组织（渗碳体针）+索氏体

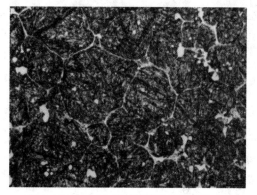

图 9-162 W18Cr4V 高速钢 1300 ℃加热
油冷+回火（500×）
浸蚀：4%硝酸酒精溶液
组织：过热组织（碳化物沿奥氏体晶界分布并角
状化+回火马氏体+少量一次碳化物）

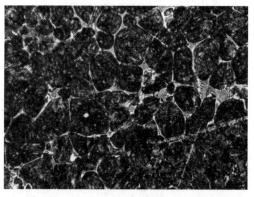

图 9-163 W18Cr4V 高速钢 1350 ℃加热
油冷+回火（500×）
浸蚀：4%硝酸酒精溶液
组织：过烧组织（鱼骨状共晶莱氏体沿奥氏体晶界
分布+回火马氏体）

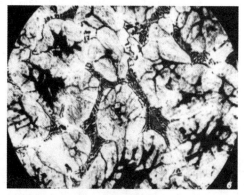

图 9-164 W18Cr4V 高速钢 1370 ℃加热
油冷（500×）
浸蚀：4%硝酸酒精溶液
组织：严重过烧组织（共晶莱氏体呈鱼骨状沿晶界
分布+δ 共析体（黑色）+马氏体+残余奥氏体）

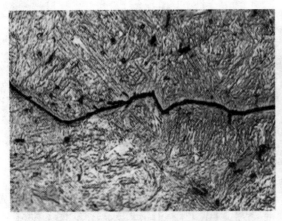

图 9-165   T10 钢 920 ℃加热淬火（500×）

浸蚀：4%硝酸酒精溶液

组织：淬火裂纹+马氏体+残余奥氏体

图 9-166   T8 钢退火石墨化（500×）

浸蚀：4%硝酸酒精溶液

组织：石墨（周围铁素体）+珠光体

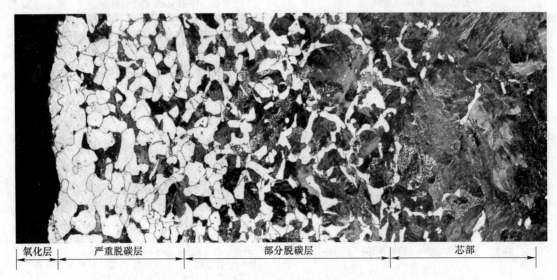

| 氧化层 | 严重脱碳层 | 部分脱碳层 | 芯部 |

图 9-167   T8 钢 900 ℃空气介质下加热退火（250×）

浸蚀：4%硝酸酒精溶液

组织：从表面向芯依次为：氧化层+严重脱碳层（铁素体+少量珠光体）+
部分脱碳层（铁素体+珠光体）+芯部组织（珠光体）

实   验

一、实验目的

1. 熟练掌握采用光学金相镜分析观察组织的方法。

2. 熟悉常见金属材料典型组织特征。

3. 加深理解材料组织对性能影响的重要性。

二、实验内容

本章节主要涉及材料微观金相组织，面宽、内容多，较复杂。因此，根据自身的需求借助于金相显微镜进行以下学习活动。

1. 观察常见金属材料的组织特征。

2. 对同一材料经不同热处理后的组织进行比对，分析其组织形成的机理。

3. 按照 GB/T 13299—2022《钢的游离渗碳体、珠光体和魏氏组织的评定方法》、GB/T 6394—2017《金属平均晶粒度测定方法》、GB/T 7216—2023《灰铸铁金相检验》以及 GB/T 9441—2021《球墨铸铁金相检验》等国家标准对相应的组织进行评级评定。

三、实验报告要求

1. 写出实验目的、实验设备。

2. 对所观察到的典型组织进行绘制组织形貌特征。

3. 将组织与性能有机结合起来进行分析。

4. 按照国标进行评定，对不合格组织应采用什么措施进行改进？

思政之窗：通过常用金属材料典型金相组织特征解读，强化学生对材料金相显微组织识别的能力，提高学生对材料组织的综合分析能力。

德育目标：为提升综合国力提供技术人才，早日实现中国成为世界科技强国之梦。

思 考 题

1. 工业纯铁室温组织中三次渗碳体主要分布在哪里，它对工业纯铁的硬度和强度有何影响？

2. 亚共析钢中哪一种组成物数量随着含碳量的增加而增加，对材料的力学性能有哪些影响？

3. 要消除 T12 钢平衡组织中的网状二次渗碳体，采用什么样的热处理工艺？

4. Cu-Ni 二元合金铸态组织为树枝状，属于枝晶偏析，如何消除偏析，消除后应得到什么样的组织形态？

5. 二元合金共晶相图中初晶和共晶都有哪些形态？并加以注释。

6. 在光学金相显微镜下为什么能看到滑移带，滑移带和变形孪晶有何区别？试从制样方法和组织形貌上来解释。

7. 工业纯铁经压缩变形后，随着变形量的增加，组织发生什么样的变化，导致力学性能发生哪些变化？

8. 当金属塑性变形处于临界变形度时，再结晶后组织和性能（力学性能与抗腐蚀性能）发生什么样的变化？

9. 分析 45 钢 750 ℃加热水冷与 860 ℃加热油冷淬火组织的区别。若 45 钢淬火后硬度不足，如何根据金相组织来分析其原因是淬火加热温度不足还是冷却速度不足？

10. 板条马氏体与片状马氏体组织有何区别，它们的形成条件是什么？

11. 分析 45 钢不同热处理条件下显微组织的形成原因、组织特征以及对性能的影响。

12. 为了获得良好的切削性，中碳钢和高碳钢各自应经过什么样的热处理，得到什么样的金相组织？

13. 分析 T12 钢 780 ℃加热水冷 200 ℃回火与 T12 钢 1100 ℃加热水冷 200 ℃回火的组织与性能的区别，说明过共析钢淬火温度如何选择？

14. 描述上贝氏体与下贝氏体的金相组织特征，二者的力学性能有什么区别？

15. 低碳钢焊接过热区的组织特征是什么，该区域组织对焊接接头的性能有哪些影响？

16. 焊接主要缺陷有哪些类型及形成原因。

17. 采用宏观和微观分析如何能正确判断焊接裂纹的性质？

18. 说明 20 钢渗碳表层组织形成原因及渗碳后热处理工艺对组织和性能的影响。

19. 渗氮、氮碳共渗、渗硼以及渗铬中哪一个渗层的硬度更高？

20. 某精密镗床主轴用 38CrMnAl 钢制造，某重载齿轮铣床主轴用了 20CrMnTi 钢制造，某普通车床主轴用 40Cr 钢制造，试分析说明它们各自应采用是什么样的热处理工艺及最终的组织和性能特点？

21. 分析讨论 W18Cr4V 高速钢的组织与热处理的关系，为什么要进行三次回火？

22. 有一批 W18Cr4V 钢制钻头，淬火后发现硬度偏低，经检验是淬火加热温度出了问题，淬火加热温度会出现什么问题，如何从金相组织上去判断？

23. 分析比较不同铸铁的组织形貌对性能的影响。

24. "以铁代钢" 主要指哪一种材料，为什么？

25. 为什么大多数铝硅合金都要进行变质处理？从金相组织来解释。

26. 为什么说铜是人类最早认识和使用的金属？

27. 为什么炮弹壳常用 H70（单相黄铜）和 H62（双相黄铜）材料制作？从成分、工艺以及金相组织来解释。

28. 滚动轴承合金和滑动轴承合金的组织有什么特点和区别？

29. 分析钢锭中缩松、缩孔、夹杂、气孔和裂纹的特征及形成原因。

30. 钢铁材料中魏氏组织主要有哪两种，其组织有何特征，魏氏组织对材料的强度有何影响？

31. 如何识别锻造裂纹与淬火裂纹？

32. 带状组织是如何形成的，它对材料的性能有何影响，如何消除带状组织？

参 考 文 献

[1] 郭可信. 金相学史话（1）：金相学的兴起 [J]. 材料科学与工程，2000，18（4）：2-9.

[2] 材料科学技术名词审定委员会. 材料科学技术名词 [M]. 北京：科学出版社，2011.

[3] 葛利玲. 材料科学与工程基础实验教程 [M]. 2 版. 北京：机械工业出版社，2019.

[4] 杨桂英，石德珂，王秀玲，等. 金相图谱 [M]. 西安：陕西科学技术出版社，1988.

[5] 胡赓祥，蔡珣，戎咏华. 材料科学基础 [M]. 3 版. 上海：上海交通大学出版社，2010.

[6] 张文斌. 焊接冶金学（基本原理）[M]. 北京：机械工业出版社，1999.

[7] 冶金工业部钢铁研究院. 钢的金相图谱——钢的宏观组织与缺陷 [M]. 北京：冶金工业出版社，1975.

[8] 赵麦群，王瑞红，葛利玲. 材料化学处理工艺与设备 [M]. 北京：化学工业出版社，2011.

[9] 戴起勋. 金属材料学 [M]. 北京：化学工业出版社，2005.

附　　录

附录1　金相实验室的安全技术

一般说来，金相实验室是比较安全的环境，然而为制备材料也存在不少潜在的危险。只要按照普通常识掌握和遵循一些简单准则，即可避免发生危险事故。安全应从良好的清洁作业和辅助的整理着手，整洁有序的实验室可保证操作安全进行，反之紊乱、肮脏的环境容易诱发事故。

一、化学药品的保存及使用注意事项

常用化学药品多具毒性、腐蚀、易燃和易爆性。因此，只能保存够短期内使用的少量试剂。易燃溶剂应隔热；保存在接有地线的金属柜中最理想。容易氧化的化学品不得与氧化剂存放在同一柜橱内。

（一）使用危险（毒）物注意事项

使用化学药品时要特别小心谨慎。几乎所有的化学药品以及某些金属，即使浓度很小，也往往会对人体造成危害。这类有害物质可内由呼吸和消化器官，外由皮肤和眼睛侵入体内。因此，金相试样的制备，原则上应与化学实验室安全规则相同。

一些重要预防措施为：

（1）所有保存器皿必须标示清楚。

（2）废弃的化学品溶液，应倒入专用废液罐中，注意废水环保规定。

（3）所有危险物品，都要在阴凉、防火以及避光处存放。

（4）处理腐蚀性物质时（酸、碱、过氧化氢、各类盐液和熔盐），要戴护目镜、橡皮手套，穿工作服，以保护眼睛和皮肤。这些物品的蒸气也往往有毒，因此，工作时尽可能打开通风装置（通气间）。产生有毒气体和蒸气时，必须要在排气橱内工作，必要时戴上防毒面具。

（5）配制浸蚀剂时，应将腐蚀性的化学品缓慢搅拌加入稀释剂中（水、乙醇、甘油等）（例如：先加水，后加酸!）。

（6）可燃和爆炸性物品（苯、丙酮、乙醚、高氯酸盐、硝酸盐等）不得加热或靠近明火。

（7）有毒材料，例如铍材料和放射性物质（铀、钍、铈以及合金和化合物），在制备试样磨片时应在防护箱或所谓"铅壁防护室"中工作。

对特别有害的物品均要有说明！此外，还应注意以下各项：

（1）较高浓度的（超过60%）高氯酸，易燃且易爆炸。如遇有机物或易氧化的金属，例如铋（Bi）时，情况尤其严重。必须避免浓度过高或加热。电解抛光和浸蚀时均须小心，不得储存在塑料瓶中。高氯酸和乙醇的混合物中，可能形成爆炸性很强的烷基高氯酸盐，必须避免浓度过高和加热。

（2）用高氯酸配制的所有溶液都有易燃和爆炸的危险。必须在缓慢地不断搅拌的情况下，将高氯酸加入溶液中。混合过程中和使用期间，温度不得超过 35 ℃，因此需要在冷却槽中工作。尽可能在保护罩后面工作并戴护目镜！

（3）由乙醇和盐酸组成的混合物可能发生不同反应（醛、脂肪酸、爆炸性氮化物等）。易爆炸性随分子量增加而增大。盐酸在乙醇中的含量不得超过 5%，在甲醇中不得超过 35%，不要保存混合物！

（4）乙醇和磷酸的混合物可能发生酯化。其中有一些磷酸酯对人的神经系统有剧毒，并能通过皮肤吸收或呼吸进入体内，从而导致严重危害。

（5）由甲醇和硫酸组成的混合物中可能形成硫酸二甲酯，无味、无嗅但极有毒。由皮肤吸收或吸入（也能通过防毒面具）的硫酸二甲酯也能达到致命的剂量。但高级醇的硫酸盐，并非危险性毒物。

（6）由氧化铬（Ⅵ）和有机物组成的混合物具有爆炸性。混合要小心，不要保存！

（7）铅和铅盐均毒性很强。铅中毒所造成的损伤并不随时间的推移而减退，可积累。用镉、铊、镍、汞和其他重金属及其化合物时也应小心。

（8）所有氰化物（CN）都非常危险，因为容易形成氢氰酸（HCN），这是一种作用很快，浓度很小就能致命的毒剂。

（9）氢氟酸不仅对皮肤和呼吸有毒，而且对玻璃也是一种浸蚀剂。故使用氢氟酸时，总有损伤物镜前透镜的危险。用含氢氟酸的溶液浸蚀后以及显微镜照相前，试样要彻底冲洗（至少 15 min！）并需干燥。

（10）苦味酸酐有爆炸性。

（二）电解浸蚀的注意事项

在电解浸蚀时，应当注意以下几点：

（1）含有机物质的高氯酸有爆炸危险；应该采用槽冷的办法，配置冷态电解液时要小心，工作时电流密度要低。

（2）铬酸和氢氟酸危险性较小，但有毒；应该利用强烈的通风井采用单独的防护装置，降低槽的温度。

（3）含有机化合物的硝酸有毒；必须利用强烈的通风井采用单独的防护装置。

（4）硫酸和磷酸的毒性较小，但使用时仍需要利用强烈的通风井和采取单独的防护装置。

（5）氰化物电解液含有烈性毒物，所以只有在遵守特殊规则的要求下才能利用。

二、金相实验室环境安全措施

（一）环境安全基本要求

金相显微镜应安放在无酸、无碱、无振动、阴凉、干燥的房间内，试样制备实验室的房间应该经常通风，有毒气体的湿度不允许超过所规定的值，应列出关于使用化学物质时预防措施的资料和在灼伤和中毒等情况下的紧急办法。实验室中的工作人员必须熟悉所用试剂的性能以及相应的预防安全措施，同时还要熟悉发生不幸事故后的急救方法、灭火方法等。所用的工具应该放在附近，并且在规定期限内要检查是否适用。使用浓酸对工作人员健康的危害程度将会增大。尤其是在宏观浸蚀试样时，应该特别认真地进行安全技术教育，对所有的工序编制相应的书面指南。工作人员应根据现行标准发放工作服和个人防护工具，并对通风机构特别注意。还应注意以下事项：

（1）试剂倒出和注入的数量应该不超过3天的需用量，其余的试剂应保存在专门建立的仓库里。所有的瓶都要有磨砂塞，瓶子不能敞开，尤其要特别注意瓶子里装着浓酸、氨和有毒液体这一类试剂。

（2）试剂的称量和使用必须在通风良好的环境中或在通风柜内进行，同时要戴上护目镜，橡皮手套并穿上橡皮围裙。易燃液体如乙醚、酒精、汽油、苯等，不能放在有煤气喷灯和小电炉的房间内。

（3）在配置和利用某些试剂时，会形成爆炸物质；在配置中性苦味酸钠时，应避免碰撞、震动和火源；利用硝酸和甘油时，可能形成硝化甘油。

（4）许多试剂在加热时以及和金属相互作用时，易形成氟、氯的有害蒸气。在利用各种有毒物质，氰化钾或氰化钠，砷盐，以及浓的酸溶液时，也有类似的情形，所以必须使用通风装置。

（5）吸水性强的和有剧烈刺激性气味的试剂必须保存在完全密闭的容器内，最好保存在蜡封容器内。对于在光线下易分解的试剂（焦性五倍子酸、铬盐），应该使用暗色玻璃的容器；对于会腐蚀玻璃的溶剂（如HF），则应该用石蜡制的容器。

（6）所有的毒物（KCN、HCN、$HgCl_2$、砷盐等）必须保存在上锁的专用密封柜内。

（7）人受$HClO_4$、HF、HNO_3、H_2SO_4、HCl等酸灼伤后，伤口愈合得很慢。某些浓的盐溶液（例如重铬酸钾、铁氰化钾等）会腐蚀手。使用上述物质时和使用有毒物质一样，必须佩戴橡胶手套，在通风装置下进行。

（8）为了在金相实验中进行急救，在明显的地方应备有亚麻仁油，或橄榄油，石灰水，10%的苏打水溶液，5%高锰酸钾溶液，3%~6%的醋酸溶液，1%~2%的盐酸溶液等。

（二）操作安全要求

实验室应制订安全作业规程，还应给每台设备订出安全操作细则。大多数操作应在以防护塑料或不碎玻璃作为屏蔽拉门的通风橱内进行。橱内备有清洗及排放溶液用水槽。废弃的化学品溶液，应倒入专用废液罐中，并分类保存，定期找专业公司回收。通风橱内一般还隔出放置酸类和浸蚀剂小瓶（50~500 mL）的适当地段，瓶上贴以整洁醒目的永久性标志。具体操作时应注意以下几点：

（1）砂轮切割作业时，切割区应与外界隔离。主要危险来自砂轮崩裂所飞出的碎块，但只局限于密封室内，起因于试样未夹牢或用力过猛，当然也有试样破碎的情况。

（2）磨削时产生的金属粉尘常有毒性，像铍、镁、铅、锰和银等则有剧毒。湿磨无例外地适用于所有试样，且效果最佳。放射性物质需特制遥控装置，并应严格遵守安全注意事项。

（3）钻床给薄试样打孔时务必压平，否则试样飞起将造成严重事故。镶样机或小型热处理炉有灼伤危险，升温时炉前应加挂"热"标志。

（4）试剂一般用带玻璃旋塞的玻璃瓶保存，而带塑料旋塞的玻璃瓶则用来盛硝酸、酒精之类可产生气压的溶液。但须在瓶塞上钻一小孔减压，否则，当压力集聚达到一定程度便会自动冲开瓶塞。

（5）大多数浸蚀剂或电解液配方遵循固体按重量而液体按体积配制。只有极少数情况是按质量分数给出所有组分的量。就金相研究而论，试剂组成并非十分关键。普通实验室用天平称重量，用量筒量体积就可以。配溶液常用大型刻度烧杯，凡遇 HF，则所有容器均应用聚乙烯制品。有些试剂要讲究混合顺序，对危险品尤其重要。配制时需用蒸馏水，因大多数自来水中含矿物质，与之反应生成氯化物及氟化物。不但效果不好，且易出现意外。配制时应用冷水，用温水或配制时加热会使反应加剧。应先在容器中注入水或酒精等溶剂，然后溶入指定盐类或酸类。磁力搅拌装置用处最大，加酸等危险试剂，应在搅拌状态下缓慢加入。如列有硫酸（H_2SO_4）一项，则应在最后缓慢加入，必要时须冷却。

（6）金相用化学药品和溶剂均应为最高纯度级的试剂。虽然价格较高，但因用量甚少，且从安全和可靠性来考虑这样更合适。第 3 章文献［1］~［6］中记载有大量具有极大危险性的浸蚀剂、化学抛光液、电解液等配方。但大多未附有关安全操作及潜在危险的描述。好在用量较少，且不一定总是酿成灾难性后果。

附录 2　常用金相显微分析设备相关标准索引

常用金相显微分析的相关标准有：

（1）GB/T 22057.1—2008　显微镜相对机械参考平面的成像距离　第 1 部分：筒长 160 mm；

（2）GB/T 22057.2—2008　显微镜相对机械参考平面的成像距离　第 2 部分：无限远校正光学系统；

（3）GB/T 2609—2015　显微镜　物镜；

（4）GB/T 9246—2008　显微镜　目镜；

（5）GB/T 22059—2008　显微镜　放大率；

（6）GB/T 22056—2008　显微镜　物镜和目镜的标志；

（7）GB/T 22063—2008　显微镜　C 型接口；

（8）GB/T 22132—2008　显微镜　可换目镜的直径；

（9）JB/T 8230.1—1999　光学显微镜　术语；

（10）GB/T 19864.1—2013　体视显微镜　第 1 部分：普及型体视显微镜；

（11）GB/T 19864.2—2013　体视显微镜　第 2 部分：高性能体视显微镜。

附录3　常用金相检验标准（国标）目录

常用金相检验标准有：

（1）GB/T 6462—2005　金属和氧化物覆盖层厚度测量显微镜方法；

（2）GB/T 6394—2017　金属平均晶粒度测定方法；

（3）GB/T 13298—2015　金属显微组织检验方法；

（4）GB/T 15749—2008　定量金相手工测量方法；

（5）GB/T 18876.1—2002　应用自动图像分析测定钢和其他金属中金相组织、夹杂物含量和级别的标准试验方法　第1部分：钢和其他金属中夹杂物或第二相组织含量的图像分析与体视学测定；

（6）GB/T 224—2019　钢的脱碳层深度测定法；

（7）GB/T 4335—2013　低碳钢冷轧薄板铁素体晶粒度测定法；

（8）GB/T 9943—2008　高速工具钢；

（9）GB/T 13305—2008　不锈钢中α-相面积含量金相测定法；

（10）GB/T 7216—2023　灰铸铁金相检验；

（11）GB/T 9441—2021　球墨铸铁金相检验；

（12）GB/T 9451—2005　钢件薄表面总硬化层深度或有效硬化层深度的测定；

（13）GB/T 10561—2005　钢中非金属夹杂物含量的测定　标准评级图显微检验法；

（14）GB/T 11354—2005　钢铁零件渗氮层深度测定和金相组织检验；

（15）GB/T 13299—2022　钢的游离渗碳体、珠光体和魏氏组织的评定方法；

（16）GB/T 13302—1991　钢中石墨碳显微评定方法；

（17）GB/T 13925—2010　铸造高锰钢金相；

（18）GB/T 13320—2007　钢质模锻件　金相组织评级图及评定方法；

（19）GB/T 14979—1994　钢的共晶碳化物不均匀度评级法；

（20）GB/T 226—2015　钢的低倍组织及缺陷酸蚀试验法；

（21）GB/T 1954—2008　铬镍奥氏体不锈钢焊缝铁素体含量测定方法；

（22）GB/T 3246.1—2012　变形铝及铝合金制品组织检验方法　第1部分：显微组织检验方法；

（23）GB/T 3246.2—2012　变形铝及铝合金制品组织检验方法　第2部分：低倍组织检验方法；

（24）GB/T 3488.1—2014　硬质合金　显微组织的金相测定　第1部分：金相照片和描述；

（25）GB/T 3489—2015　硬质合金　孔隙度和非化合碳的金相测定；

（26）GB/T 3490—1983　含铜贵金属材料氧化铜金相检验方法；

（27）GB/T 4296—2022　变形镁合金显微组织检验方法；

（28）GB/T 4297—2004　变形镁合金低倍组织检验方法；

（29）GB/T 4340.1—2009　金属材料　维氏硬度试验　第1部分：试验方法；

（30）GB/T 18449.1—2009　金属材料　努氏硬度试验　第1部分：试验方法；

（31）GB/T 5168—2020 α-β钛合金高低倍组织检验方法；

（32）QB/T 3817—1999 轻工产品金属镀层和化学处理层的厚度测试方法金相显微镜法；

（33）GB/T 6611—2008 钛及钛合金术语和金相图谱；

（34）GB/T 9450—2005 钢件渗碳淬火硬化层深度的测定和校核；

（35）GB/T 14999.1—2012 高温合金试验方法 第1部分：纵向低倍组织及缺陷酸浸检验；

（36）GB/T 14999.2—2012 高温合金试验方法 第2部分：横向低倍组织及缺陷酸浸检验；

（37）GB/T 14999.4—2012 高温合金试验方法 第4部分：轧制高温合金条带晶粒组织和一次碳化物分布测定；

（38）GB/T 14999.5—2012 高温合金低、高倍组织标准评级图谱；

（39）GB/T 30067—2013 金相学术语。